基礎生物無機化学

吉村悦郎 著

丸善出版

ま え が き

　遺伝子操作の技術革新により，生命に対する理解がより深化している．現に，多くの生物種で全遺伝子情報の解読が続々と進んでいる背景において，生物化学の研究は新たな局面を迎えている．しかし，生物の代謝が化学反応で進行していることを鑑みると，その反応過程の理解なくしては，生命現象の深遠にひそむ真理に到達することは難しい．

　生物無機化学は，生命現象を無機化学の立場で理解する学問である．生命の維持に多種類の無機元素，とくに金属元素，の存在が不可欠であることが徐々に判明し，それらの機能を追及していく過程で誕生した．現在では，酵素の30％以上が機能の発現に金属イオンを必要とすることが知られるに至っており，その重要性はいうまでもない．

　本書は，東京大学農学部生命化学・工学専修の学部三年生に対する講義の内容に加筆したものである．無機物質がかかわる生体反応はそれぞれに特徴的であり，また多岐にわたる．したがって，講義でこれらすべてを紹介するのは筆者の手に余るし，また生物無機化学の入門としては適当でないと思われた．むしろ，生物が行う代謝のなかで，金属タンパク質がかかわる重要な反応に的を絞り，そこで生じている化学反応を詳細に解説したほうが妥当ではないかと考えた．知識は，その礎となった理論を理解してこそ生きてくるものである．本書の上梓においてもこの考えを貫き，生体反応ができる限り論理的に，また感覚的につかめるような工夫をした．

　生物無機化学は学際的な領域に成り立っているため，化学の諸分野の理解が欠かせない．具体的には，錯体化学は当然として，生物化学の反応の理解のために構造化学の理論が必要である．また，反応をより深く理解するためには熱力学を用いた解釈を忘れてはならない．本書ではこれらの内容をほかの書籍に頼らずに

理解できるように要点をまとめた.

全体の構成は7章からなっている. 第1章は分子の構造と反応で, 第2章は金属錯体の化学である. 必要に応じて熱力学や量子化学の考え方を記した. 両方の章では化学の基礎的事項を述べているが, いずれも本書の内容の理解に必要な範囲にとどめている. したがって, 化学の基礎に習熟した読者は, これらの章を省いても後の理解には差し支えないであろう. 第3章以降が生物無機化学の本論であり, 加水分解 (第3章), 電子伝達 (第4章), 酸素分子 (第5章), 酸化還元酵素 (第6章), 官能基の転位と転移 (第7章) の順に記載している. いずれにおいても, 反応における電子, あるいは電子対の移動に注意を払ってほしい.

本書では, 生物無機化学がカバーする領域の一部分だけしか記していない. これ以外に, 窒素代謝, 金属イオンの膜透過と蓄積, 毒性金属の解毒など重要な事項が残されている. あとがきにいくつかの参考書を記したので, 活用されることを望んでいる.

なお, 筆者による思い違いなどがあれば, 読者諸氏にご指摘いただきたい. 最後に, 本書の完成に至るまでには, 丸善出版株式会社企画・編集部小野栄美子氏および住田朋久氏には大変お世話になった. 両氏の激励と忍耐力が本書の完成に大きく寄与したことを記して謝意を表す.

平成26年2月

吉　村　悦　郎

目　　次

1　分子の構造と反応 ・・ *1*

1.1　波動関数と原子構造　*2*
　　1.1.1　水素原子の波動関数　*2*
　　1.1.2　水素原子以外の原子の波動関数　*7*

1.2　分 子 構 造　*10*
　　1.2.1　ルイス構造　*10*
　　1.2.2　形式電荷　*13*
　　1.2.3　酸化数　*14*
　　1.2.4　共　鳴　*14*
　　1.2.5　原子価殻電子対反発理論　*16*

1.3　結 合 理 論　*17*
　　1.3.1　原子価結合法　*17*
　　1.3.2　分子軌道法　*24*

1.4　化 学 反 応　*28*
　　1.4.1　化学反応の方向性　*32*
　　1.4.2　化学反応における熱力学量の変化の例　*36*
　　1.4.3　反応速度　*40*
　　　　Box 1.1　エンタルピー　*29*
　　　　Box 1.2　状態関数　*30*
　　　　Box 1.3　内部エネルギーとエンタルピー　*33*
　　　　Box 1.4　内部エネルギーと結合エネルギー　*34*
　　　　Box 1.5　熱力学的平衡定数と濃度平衡定数　*38*

iv　目　次

2　金属錯体の化学 ·· *43*

2.1　配 位 結 合　*44*

2.2　金属錯体の構造と物性　*48*

  2.2.1　金属イオンの電子配置　*48*

  2.2.2　結晶場理論　*48*

  2.2.3　配位子場理論　*55*

2.3　金属錯体の反応　*60*

  2.3.1　生成定数　*60*

  2.3.2　金属錯体の構造と生成定数　*62*

  2.3.3　HSAB 則　*64*

  2.3.4　金属錯体の電極電位　*68*

  2.3.5　代表的な金属イオンの配位構造　*73*

  2.3.6　金属イオンのアクア錯体とオキソ酸イオン　*74*

    Box 2.1　酸と塩基の定義　*66*

    Box 2.2　電極電位とギブズエネルギー変化　*71*

3　加 水 分 解 ·· *77*

3.1　加水分解の反応形式　*78*

3.2　金属イオンによる加水分解反応の促進　*85*

3.3　金属酵素による加水分解の反応機構　*88*

3.4　加水分解酵素の例　*91*

  3.4.1　カルボキシペプチダーゼ A　*91*

  3.4.2　アルカリホスファターゼ　*93*

    Box 3.1　巻矢印　*81*

    Box 3.2　ブレンステッドの酸と塩基　*82*

    Box 3.3　分子内反応の有利性　*90*

4　電 子 伝 達 ·· *97*

4.1　電子伝達の機構と意義　*98*

4.2　電子伝達体の種類　*101*

  4.2.1　低分子量有機化合物　*101*

目　　次　　v

　　4.2.2　金属タンパク質　　*105*

　4.3　金属タンパク質の式量電位　　*110*

　　4.3.1　配位原子と配位形式　　*112*

　　4.3.2　酸化還元中心の電荷と誘電率　　*115*

　4.4　金属タンパク質の式量電位と機能　　*117*

　　4.4.1　鉄−硫黄タンパク質　　*118*

　　4.4.2　シトクロム類　　*120*

　　4.4.3　ブルー銅タンパク質　　*121*

　4.5　呼吸と光合成　　*122*

　　4.5.1　呼　吸　　*122*

　　4.5.2　光合成　　*129*

　　　Box 4.1　H$^+$の移動による膜電位の形成　　*98*

　　　Box 4.2　式量電位と電子伝達　　*111*

　　　Box 4.3　電気化学ポテンシャル　　*124*

　　　Box 4.4　酸素以外の物質を電子受容体とする呼吸　　*130*

　　　Box 4.5　酸素非発生型光合成　　*134*

5　酸　素　分　子　　*137*

　5.1　酸素分子の化学　　*138*

　　5.1.1　酸素分子の電子配置　　*138*

　　5.1.2　活性酸素　　*142*

　　5.1.3　酸素分子と活性酸素の式量電位　　*143*

　　5.1.4　酸素分子と有機化合物の反応　　*144*

　5.2　酸素運搬体　　*146*

　　5.2.1　酸素運搬体と酸素貯蔵体　　*146*

　　5.2.2　酸素運搬体と酸素結合の熱力学　　*147*

　　5.2.3　酸素結合の分子機構　　*149*

　　　Box 5.1　不対電子をもつ分子　　*141*

6　酸化還元酵素　　*155*

　6.1　ペルオキシダーゼ　　*156*

　　6.1.1　ペルオキシダーゼによる反応　　*156*

　　6.1.2　ペルオキシダーゼの反応機構　　*157*

vi　目　次

6.2　カタラーゼ　*160*

6.3　モノオキシゲナーゼ　*162*

6.4　ジオキシゲナーゼ　*168*

　6.4.1　イントラジオール型オキシゲナーゼ　*168*

　6.4.2　エクストラジオール型オキシゲナーゼ　*171*

6.5　スーパーオキシドディスムターゼ　*174*

　6.5.1　Fe-SOD, Mn-SOD　*175*

　6.5.2　Cu, Zn-SOD　*178*

6.6　モリブデンを含む酸化還元酵素　*179*

　6.6.1　亜硫酸オキシダーゼ　*181*

　6.6.2　亜硫酸オキシダーゼの反応機構　*182*

　　Box 6.1　カテコールの一電子酸化　*170*

　　Box 6.2　クリーゲー転位　*172*

　　Box 6.3　外圏型電子移動　*176*

7　官能基の転位と転移 ･･･････････････････････････････････ *185*

7.1　コバラミン　*185*

7.2　転 位 反 応　*188*

7.3　メチル基の転移反応　*191*

参 考 図 書　*195*

索　引　*197*

1

分子の構造と反応

　生物内ではさまざまな化学反応が生じている．このような化学反応を解析し，その機構を理解するために必要な事柄の一つが，分子構造である．

　たとえば，動物がエネルギーを得るために行う呼吸を考えてみよう．そこでは，グルコースに起源を発する電子が電子伝達体（electron carrier）という分子を通って酸素に渡される．この電子伝達は，電子求引能の低い電子伝達体から高い電子伝達体へと電子がつぎつぎと伝搬することで生じる．このような電子伝達を可能にする電子求引能の違い，すなわち分子特性は分子構造に起因する．ほかに，タンパク質の加水分解の例がある．これは，タンパク質の消化に重要な反応であり，また分解反応がタンパク質の機能を制御していることもある．通常の条件下ではタンパク質そのものは安定に存在しているが，分解酵素が存在すると，ペプチド結合や水分子の水素-酸素結合にかかわっている電子の分布に偏りが生じ，この分子特性が分解反応の引き金となる．このように，分子構造はその分子特性をも示し，これを理解することは反応機構を詳述するために必須のものである．

　一方，このような構造化学的な見地とは別に，物質のもつエネルギーという観点から理解することも重要である．タンパク質のペプチド結合は分解する方向にしか進行せず，また，そこには酵素の存在が必要である．このような，化学反応は定まった方向にしか進行しないこと，ならびに進行可能な反応であってもすべてが反応につながるわけではないことを理解するには，熱力学と反応速度論といったエネルギー論に基づく知識が必要となる．

　本章では，前半に分子構造論について，後半では熱力学と反応速度論につい

て，本書の内容の理解に必要な範囲で解説しよう．分子は原子から構成され，原子と原子の結合形成には電子が主要な役割を担っている．したがって，分子構造を理解するための基礎として，原子構造，すなわち原子のなかの電子の存在状態を，波動関数（wave function）を導入して解説する．

1.1 波動関数と原子構造

　電子は一定の質量と電荷をもつ粒子であるが，原子のなかでは"ふるまい"やエネルギーといった特性がそれぞれ異なる．原子がおのおの固有の化学的性質を有するのもこの特性の違いに帰する．ここで"ふるまい"という表現を用いたのは，古典力学で取り扱う比較的大きな物体では位置やエネルギーといった物理量が確定値として定まるのに対し，電子のような微小な存在では古典力学とはまったく異なる表現でしか電子を取り扱えないという理由による[*1]．

　すでに知られているように電子のような微小な物質の描像を得るには，量子力学に頼ることが必要となる．具体的には，シュレーディンガーの波動方程式を解くことにより得られる波動関数で電子の"ふるまい"を記述する．波動関数は三次元座標の関数であり，原子内の空間の任意の点に関数値を与える．この値は振動している弦の振幅に似ており，弦の振幅の2乗が振動の強度の尺度を与えるのに対応して，波動関数を2乗した値は空間における電子の存在確率の尺度となる．したがって，この2乗値がゼロであるならば，その点で電子を見出す確率がゼロであることを示す．また，波動関数の値が正であれ負であれ，その2乗値が大きな値を示すということは，その点で電子を見出す確率が高いことを意味している．

1.1.1 水素原子の波動関数

　もっとも簡単な原子である H 原子から始めよう．ここで考えている原子とは，周りとまったく相互作用を行っていない原子で，自由原子（free atom）といわ

---

*1 本書では，必ずしも量子論ですべてのものごとを解釈することを意味していない．本書のかなりの部分は古典論で理解できるが，量子論を用いないと理解ができない事柄もあるということである．

れるものである．いわば，真空中に1個だけ存在している原子を思い描けばよい．

H原子は，+1の正電荷をもつ原子核と-1の負電荷をもつ電子から構成されている．原子核の正電荷は，核からの距離にだけ依存した電場（中心力場）を形成する．H原子には電子が1個しかないので，この電子が受ける電場は原子核からの中心力場だけになる．電子のポテンシャルエネルギーは電荷と電場の積で与えられるため，この電子のポテンシャルエネルギーも中心（原子核）に対して点対称となる．この対称性のためH原子ではシュレーディンガーの波動方程式を解析的に解くことができる．このようにして求めた波動関数は複数個存在し，それぞれにエネルギー値が付随する．また，波動方程式を解く過程で複数の量子数が導入される．

H原子の波動関数を以下に示そう．量子数は波動関数を特徴づけるものであり，主量子数（principal quantum number），方位量子数（azimuthal quantum number）および磁気量子数（magnetic quantum number）といわれるものがある．それぞれ物理的な意味をもっており，その値にはある種の制約が存在する．これを以下に示そう．

- 主量子数 (n)：波動関数のエネルギーを決定する．n が大きいほどエネルギーは大きくなる．n は1以上の整数に限られる．
- 方位量子数 (l)：波動関数の三次元空間における分布を決定する主要因である．l は0から $n-1$ までの整数をとる．
- 磁気量子数 (m)：波動関数の磁気的性質に関係している．m は $-l$ から $+l$ までの整数となる．

このように波動関数は n, l, m をパラメーターとして表現されるものであり，その数は原理的には無限大といえる．

また，電子は自転をしており，この方向を記すためのスピン量子数（spin quantum number）がつぎのように導入される．

- スピン量子数 (s)：電子自身の自転の方向性を決定する．s は，1/2 あるいは -1/2 のいずれかの半整数に限られる．

三次元空間における波動関数の関数値を示したものは"軌道（orbital）"とよばれる[*2]．古典論的な描像である"軌道"という語句は，電子の存在位置を確定

4   1 分子の構造と反応

的に決定づけるが，量子論での"軌道"からは，電子の存在に関する確率的な情報が得られる．つまり，空間の任意の点における電子の存在確率が波動関数の2乗値で与えられる．軌道の形は主として方位量子数で決められ，l が 0，1，2，3のときには，それぞれs軌道，p軌道，d軌道，f軌道とよばれる分布を示す．軌道の主量子数を示すには，1s，2sや3p，4pなどのように軌道名の前に主量子数 n の値がつけられる．なお，このように原子に対して求められた軌道は，後述する分子に対する軌道と区別して原子軌道 (atomic orbital) とよばれる．

量子数の間に存在する制約，すなわち l は n に依存し，m は l に依存するため，軌道の種類が限られてくる．表1.1に量子数と原子軌道との関係を示した．n が1の場合には l は0しかとることができないため，原子軌道は1sだけとなる．n が2の場合には l は0か1のいずれかをとることができる．l が0のときには原子軌道は2sとなり，l が1のときには2pとなる．2p軌道には $2p_x$，$2p_y$，$2p_z$ の三つの軌道がある．これは，l が1のときは m が -1，0，1の3通りの値をとり得ることに対応している．また，n が3の場合には l は0，1，2のいずれかの値をとることができる．このなかで，l が0と1のときは n が2の場合と同様に，それぞれ3s軌道と3p軌道となる．l が2のときには3d軌道となるが，これには $3d_{xy}$，$3d_{yz}$，$3d_{zx}$，$3d_{x^2-y^2}$，$3d_{z^2}$ の五つの軌道が存在する．このことは，m が -2，-1，0，1，2の5通りの値をとり得ることに対応している．このようにp軌道は主量子数が2以上のときに，またd軌道は主量子数が3以

表 1.1 量子数と原子軌道

n	l	m	原子軌道
1	0	0	1s
2	0	0	2s
2	1	-1, 0, 1	2p
3	0	0	3s
3	1	-1, 0, 1	3p
3	2	-2, -1, 0, 1, 2	3d

---

*2 ［前ページ脚注］ 量子論での"軌道"ということを明確に示すために"オービタル"という語句も使用される．

1.1 波動関数と原子構造 **5**

上のときに存在する.

軌道の形は電子を見出す確率が高い（通常は 90% 以上）領域の境界面で描かれる. 図 1.1 に 1s 軌道, 2p 軌道, 3d 軌道を示す. それぞれの軌道の形をまとめると, 以下のようになる.

- 1s 軌道：球対称の等方的な形で, 正の値をとる.

- 2p 軌道：$2p_x$, $2p_y$, $2p_z$ の三つの軌道が存在する. たとえば, $2p_x$ 軌道は x 軸上に伸びたアレイ形の分布をしている. 波動関数は x 軸の正の部分では正, 負の部分では負の値をとり, yz 平面ではゼロとなる. このように波動関数がゼロとなる平面や球面を節面という. $2p_y$ 軌道と $2p_z$ 軌道はそれぞれ y 軸と z 軸方向を向いているだけで, 本質的には $2p_x$ 軌道と同じ形をとっている.

- 3d 軌道：$3d_{xy}$, $3d_{yz}$, $3d_{zx}$, $3d_{x^2-y^2}$, $3d_{z^2}$ の五つの軌道が存在する. これらの軌道のうち最初の四つは四つ葉のクローバーの形をしていて, 正の突起部と負の突起部が交互に現れる. たとえば, $3d_{xy}$ 軌道では, x と y の両方が正の領域（第一象限）と負の領域（第三象限）で波動関数は正の値をとり, x と y の一方が正でもう一方が負の領域（第二象限と第四象限）では負の値をとる. $3d_{yz}$, $3d_{zx}$, $3d_{x^2-y^2}$ 軌道は分布の方向が異なるだけで, 本質的には $3d_{xy}$ 軌道と同じ分布をしている. 一方, $3d_{z^2}$ 軌道は, z 軸方向を向いた符号が正のアレイ形の部分とそれをとり巻く負のドーナツ形の部分とが組み合わされた分布を示す.

なお, 主量子数だけが異なる軌道, たとえば 1s, 2s, 3s や 2p, 3p などでは, n の値が 1 増えるごとに節面の数が一つずつ増加するが, 軌道の形は類似したものになる.

波動関数にはエネルギーが付随しており, これはエネルギー準位（energy level）として表される. H 原子の原子軌道では, エネルギー準位は図 1.2 に示すように n の値だけに依存する. エネルギーのもっとも低い軌道は n が 1 の場合で, このときは 1s が唯一の軌道となる. このすぐ上のエネルギー準位は n が 2 の軌道によるもので, これには 2s 軌道と 3 種類の 2p 軌道（$2p_x$, $2p_y$, $2p_z$）とがある. これらのエネルギーはすべて等しく, またこのように異なった軌道においてエネルギーが等しくなることを縮退または縮重（degeneration）という.

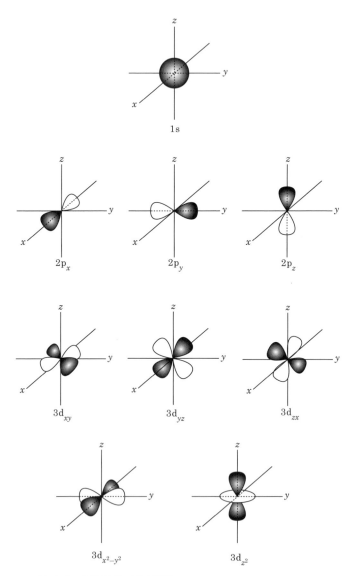

図 1.1 水素原子の原子軌道.
黒で示した領域は正, 白で示した領域は負の値を示す.

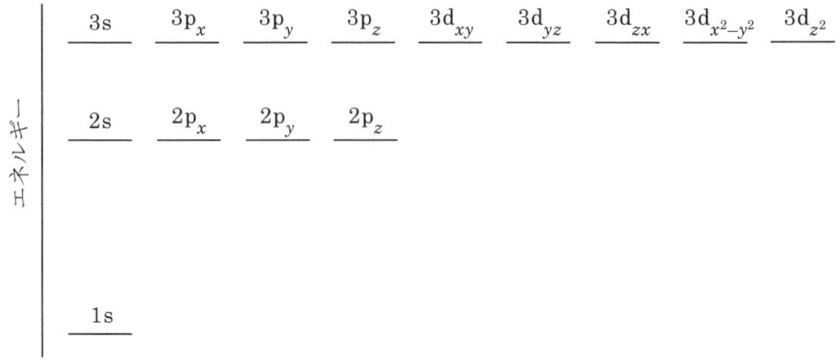

1.1 波動関数と原子構造　7

エネルギー

$3s$　$3p_x$　$3p_y$　$3p_z$　$3d_{xy}$　$3d_{yz}$　$3d_{zx}$　$3d_{x^2-y^2}$　$3d_{z^2}$

$2s$　$2p_x$　$2p_y$　$2p_z$

$1s$

図 1.2　水素原子の原子軌道のエネルギー準位.

n が 2 のエネルギー準位のすぐ上には n が 3 のエネルギー準位があり，これは 3 s, $3p_x$, $3p_y$, $3p_z$, $3d_{xy}$, $3d_{yz}$, $3d_{zx}$, $3d_{x^2-y^2}$, $3d_{z^2}$ の合計 9 個の縮退した軌道からなる.

　H 原子には電子が 1 個存在し，この電子は原子軌道の一つに収容される. つまり，電子がどの軌道に収容されるかで H 原子がもつエネルギーは異なる. 明らかに電子が 1 s 軌道に収容された H 原子は，ほかの軌道に収容されているものよりもエネルギーが低い. この状態の H 原子は，基底状態（ground state）といわれる. これに対して，電子が 1 s 以外の軌道に存在する H 原子は基底状態よりもエネルギーが高く，これを励起状態（excited state）という. なお，同一の n の値をもつ軌道をまとめて殻（shell）といい，n が 1，2，3，4 の場合をそれぞれ K 殻，L 殻，M 殻，N 殻とよぶ. また，それぞれの殻のなかで l が同じ軌道（s，p，d など）をそれぞれ副殻（subshell）という.

1.1.2　水素原子以外の原子の波動関数

　H 原子を除くと，原子には複数個の電子が存在している. このような原子に存在している一つの電子に注目すると，この電子は，核の正電荷から生じる電場とほかの電子の負電荷による電場を受ける. このため中心力場の取り扱いができなくなり波動関数は近似解となる. この近似関数は H 原子の軌道と類似したものであり，このことは H 原子以外の原子の軌道も図 1.1 で示した分布で示すことができることを意味している. ただし，このときの軌道のエネルギー準位は

H原子のときとは異なってくる．すなわち，同一の殻内において，副殻内の軌道の縮退は保たれたままであるが，l が大きい副殻はエネルギーも高い．たとえば，L殻の軌道では，エネルギー準位は 2s ＜ 2p となるが，$2p_x$, $2p_y$, $2p_z$ 軌道のエネルギーは等しいことになる．

原子には原子番号と同数の電子が存在しており，これらの電子をすべて原子軌道に収容することで原子となる．基底状態の原子では，以下の三つの規則にしたがって電子が充塡されている．

① **構成原理**（Aufbau principle）

電子は，"主量子数と方位量子数の和 ($n + l$) の小さい軌道から順に収容される"，というものである．つまり，図 1.3 で示したように 1s，2s，2p，3s，3p，4s，3d 軌道の順序で電子が収容されていく．しかし，この原理には後述するような例外も存在する．

② **パウリの排他原理**（Pauli exclusion principle）

原子中の電子は主量子数，方位量子数，磁気量子数，スピン量子数で特徴づけられるが，"同一の原子内ではこれら四つの量子数がすべて等しい電子は存在しない"，というものである．このため各原子軌道には電子は2個までしか収容できない．さらに，この2個の電子は，おのおののスピンが逆方向を向いている必要がある．

③ **フントの規則**（Hund's rule）

"エネルギー的に等価な軌道に複数の電子が入る場合は，できるだけ異

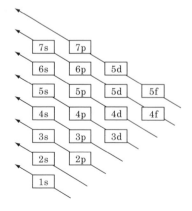

図 1.3 構成原理による電子が充塡される順序．
下の矢印から上の矢印にある原子軌道の順に，また同一の矢印にある原子軌道では矢印の尾から先の順に電子が充塡される．

1.1 波動関数と原子構造　9

なった軌道にスピンが同一の方向を向いて収容される”，というものである．すなわち，副殻内の軌道のように縮退しているときには，同一方向のスピンをもつ電子がべつべつの軌道から収容される．

電子を収容している原子軌道と電子の個数を表したものを電子配置（electron configuration）という．これには電子が収容されている軌道名とその右上に収容されている電子の個数を添え字で表記する．表 1.2 に H から Ne までの原子の電子配置を示す．電子は $1\,s$，$2\,s$，$2\,p$ 軌道の順に充填されるので，N 原子では $1\,s$ 軌道と $2\,s$ 軌道にそれぞれ 2 個ずつ，また $2\,p$ 軌道に 3 個の電子が収容される．これを $1\,s^2\,2\,s^2\,2\,p^3$ で表す．このとき，$1\,s$ 軌道と $2\,s$ 軌道では，2 個の電子はスピンが逆方向を向いているが，$2\,p$ 軌道の電子はフントの規則から三つともスピンが同一方向を向いてべつべつの軌道に入っている．N 原子よりも電子が一つ多い O 原子では，電子配置は $1\,s^2\,2\,s^2\,2\,p^4$ で示される．ここでは，$2\,p$ 軌道には 4 個の電子が収容されていて，一つの $2\,p$ 軌道には電子 2 個が逆方向を向いて収容され，残りの二つの軌道にはそれぞれ 1 個の電子がスピンの向きを同じにして収容される．なお，ここで $1\,s^2$ は He の電子配置と同じため，これを ［He］で表し，たとえば N 原子では ［He］$2\,s^2\,2\,p^3$ と記すこともできる．

表 1.3 に Sc から Zn までの原子の電子配置を示す．これらの元素では，電子は $3\,p$ までのすべての軌道がすでに満杯となっており，その後は構成原理にしたがって充填されていく．しかし，Cr と Cu でみられるように，この原理からの例外も存在する．これは，副殻の最大電子収容数の半数だけ，あるいは全数を充填すると，原子全体としてのエネルギーが安定化することが原因である．すなわち，Cr では構成原理からは $3\,d^4\,4\,s^2$ の電子配置となるが，実際には $4\,s$ 軌道の

表 1.2 H から Ne までの原子の電子配置[a]

周期	族							
	1	2	13	14	15	16	17	18
1	H $1\,s$							He $1\,s^2$
2	Li $2\,s$	Be $2\,s^2$	B $2\,s^2\,2\,p$	C $2\,s^2\,2\,p^2$	N $2\,s^2\,2\,p^3$	O $2\,s^2\,2\,p^4$	F $2\,s^2\,2\,p^5$	Ne $2\,s^2\,2\,p^6$

[a]　第二周期の元素では $1\,s^2$ を省略している．

10　　1　分子の構造と反応

表 1.3　Sc から Zn までの原子の電子配置 [a]

周期	族									
	3	4	5	6	7	8	9	10	11	12
3	Sc $3\,d^1\,4\,s^2$	Ti $3\,d^2\,4\,s^2$	V $3\,d^3\,4\,s^2$	Cr $3\,d^5\,4\,s^1$	Mn $3\,d^5\,4\,s^2$	Fe $3\,d^6\,4\,s^2$	Co $3\,d^7\,4\,s^2$	Ni $3\,d^8\,4\,s^2$	Cu $3\,d^{10}\,4\,s^1$	Zn $3\,d^{10}\,4\,s^2$

[a]　$1\,s^2\,2\,s^2\,2\,p^6\,3\,s^2\,3\,p^6$ を省略している.

電子 1 個を 3 d に移動させて 3 d 軌道が半充塡となった $3\,d^5\,4\,s^1$ の電子配置をとっている. これは d 軌道が半分だけ充塡された $3\,d^5$ の電子配置がより安定になるからである. 同様に, Cu でも構成原理からは $3\,d^9\,4\,s^2$ の電子配置と予想されるが, この場合も 4 s の電子を 1 個 3 d に移動させることにより 3 d 軌道がすべて電子で埋まった $3\,d^{10}\,4\,s^1$ の電子配置となる.

1.2　分　子　構　造

1.2.1　ル　イ　ス　構　造

　ルイス構造 (Lewis structure) は s ブロック元素と p ブロック元素の原子間で形成される分子構造を視覚的にとらえるのに用いられる. 分子は原子と原子が近接して形成されるため, 結合の形成には原子の外側に存在する原子軌道の電子がおもにかかわっている. このような電子は原子価電子, あるいはたんに価電子 (valence electron) とよばれる. ルイス構造を描くには, まず原子の価電子数を知る必要がある. これは s ブロック元素では周期表の族の番号に, また p ブロック元素では族の番号から 10 を差し引いたものに相当する. つまり, s ブロック元素と p ブロック元素の原子では, 価電子とは元素の最外殻に存在する s 電子と p 電子をさしている.

　ルイス構造は貴ガス (noble gas) の安定性を基礎としている. つまり, 貴ガスはほかの原子とほとんど反応しないが, これは s 軌道と p 軌道が電子で満杯となった閉殻構造 (closed-shell structure) をとっているためと解釈される. 貴ガス以外の原子はこのような閉殻構造をとっていないが, ほかの原子と電子を共有することで見掛け上, 貴ガス型の電子配置をとることができるようになる. 分子中の原子は, このような電子配置をとることで安定化し, 化学結合が形成さ

図 1.4 水分子のルイス構造．

れるというのがルイス構造の基本的な考え方である．なお，この結合は電子を共有することで形成されているため共有結合とよばれる．

例として H_2O を取り上げる．H 原子と O 原子の価電子はそれぞれ 1 と 6 なので，それぞれの原子の価電子 1 個ずつを互いが共有した場合を考えてみよう．この構造は図 1.4 に示すように H 原子の周りには電子が 2 個存在するので He 型の電子配置になる．また O 原子はその周りには電子が 8 個存在して Ne 型の電子配置をとる．このように，電子を共有することで貴ガスと同様の電子配置をとることができる．なお，H 以外の原子では最外殻に 8 個の電子をもつように電子を共有することから，この理論はオクテット則（octet theory）あるいは八隅説といわれる．

ルイス構造をみると，原子の周りには 2 種類の電子対が存在することがわかる．たとえば，H_2O では H 原子と O 原子の間に存在する電子対は結合にかかわっているもので，共有電子対（shared electron pair）または結合電子対（bonding electron pair）といわれる．このほかに O 原子の周りには結合の形成にかかわらない電子対が存在していて，これらは非共有電子対（unshared electron pair），非結合電子対（unbonding electron pair），あるいは孤立電子対（lone pair）とよばれる．

ここで，AX_n で示される無機化合物，あるいはイオンのルイス構造の描き方を示そう．この化合物（あるいはイオン）は原子 A の周りに原子 X が n 個結合したものである．一般に，以下に示す操作①～⑥の過程を順に追っていくとルイス構造を描くことができる．

操作 ①　分子（あるいはイオン）を構成している原子がもつ価電子の総数を算出する．

操作 ②　陰イオンではその数を価電子の総数に加え，陽イオンでは価電子の総数から差し引く．この数が分配する電子の個数となる．

操作 ③　A を中心にして，その周りを X で取り囲む．X に電子 8 個を割り

12   1 分子の構造と反応

ふり，そのなかの1対の電子対はAとXとの間の共有電子対とする．

操作 ④ 電子が余っていたら，残りの電子をAの非共有電子対として配分する．

操作 ⑤ Aがオクテットを形成していたらルイス構造の完成となる．一方，Aの電子数が不足していたら，Xの非共有電子対をAとXとの間に共有電子対として配置する．

操作 ⑥ 操作⑤をAがオクテットを形成するまで繰り返す．なお，共有電子対が2個のときは二重結合に，3個のときは三重結合になる．

　この手順にしたがい硝酸イオン（NO_3^-）のルイス構造を描いてみよう（図1.5）．このイオンはN原子1個とO原子3個から構成されていて，価電子の総数は$5 + 6 \times 3 = 23$となる（操作①）．これに，イオンの負電荷の1を加えると，分配する電子の個数は24となる（操作②）．中央にN原子をおき，その周りにO原子を3個配置する（図(a)）．O原子に電子8個を割りふり，そのなかの1対をN—O間の単結合とする（操作③，図(b)）．ここまでに使用した価電子の総計は24となり総価電子数と等しいので，N原子には電子をふり分ける必要がない（操作④）．ここで，N原子の周りをみると，そこには電子が6個しかないので，オクテットを形成していない．このためにO原子上の非共有電子対をN原子とO原子の結合電子として移動させ，N—O間を二重結合とする．これにより，N原子にオクテットを形成する（図(c)，操作⑤，⑥）．また，O原子でも非共有電子対が共有電子対に変化しただけなのでオクテットが保たれたままであり，最終的にルイス構造が完成する．

　オクテット則はほとんどの化合物で成り立っているが，例外も存在する．たとえばPCl_5を考えてみよう．この分子に対して，上記のルイス構造を描く手順の操作①〜④を行いCl原子にオクテットを形成させると，P原子の周りには電子がすでに10個存在している（図1.6）．また，SF_4に対して同様の手順を進めると，F原子ではオクテットを形成しているが，S原子には10個の電子が存在す

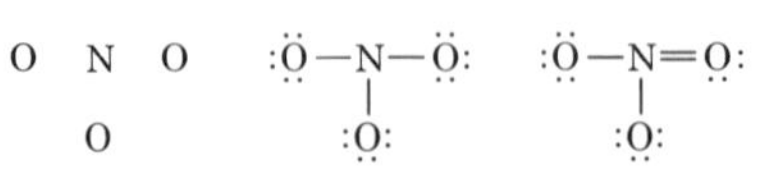

O N O   :Ö—N—Ö: :Ö—N=O:
  O   :Ö: :Ö:

(a)   (b)   (c)   図 1.5　硝酸イオンのルイス構造の作成．

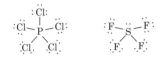

図 1.6 超原子価化合物のルイス構造.

る．このようにオクテットよりも多くの電子を有する原子を含む分子を超原子価化合物（hypervalent compound）といい，中心原子が周期表の第三周期よりも高周期側の元素から構成される分子でみられることがある．

1.2.2 形式電荷

ルイス構造で描いた分子において，原子間の共有電子対をそれぞれの原子に等分する操作を行ってみよう．このことは，原子と原子の間の結合が共有結合によるものと仮定して，そのもととなった原子がもつ電子数を算出することに相当する．

NO_3^- を例にとると，N 原子と O 原子の単結合ではその共有電子を 1 個ずつ N 原子と O 原子にふり分け，N 原子と O 原子の二重結合では 2 個ずつ N 原子と O 原子にふり分けることになる（図 1.7）．この操作を行ったあとの，それぞれの原子の周りにある電子を線で囲むと，その個数は N 原子では 4，N 原子と単結合で結ばれていた O 原子では 7，N 原子と二重結合で結ばれていた O 原子では 6 となる．これらの数を各原子の価電子数と比べると，N 原子の価電子が本来 5 個であるのに対して，この分割で得られた N 原子には電子は 4 個しか存在していない．つまり，中性の N 原子と比較して電子が 1 個少ないこと，すなわち，この N 原子には +1 の電荷が存在することになる．同様に，O 原子の価電子数が 6 であるのに対して，N 原子と単結合を形成していた O 原子では電子が 7 個，また N 原子と二重結合を形成していた O 原子では 6 個となるので，それぞれの原子には −1 と 0 の電荷が存在するといえる．このようにして得られる電荷を形式電荷（formal charge）とよぶ．

図 1.7 硝酸イオンを構成する原子の形式電荷.

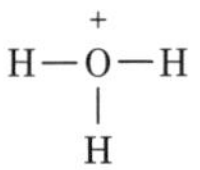

$$\begin{matrix} & \overset{+}{\text{H}-\text{O}-\text{H}} \\ & | \\ & \text{H} \end{matrix}$$

図 1.8 ヒドロキソニウムイオンの酸素原子の形式電荷．電子対の電子を等分すると O 原子の周りには電子が 5 個となる．

形式電荷は多くの場合，原子の電荷の状況を反映していると考えられる．しかし，これは原子間に純粋な共有結合が存在すると仮定して得られたものなので，文字どおり形式的なものである点に注意が必要である．つまり，必ずしもその電荷が原子上に存在するとは限らないということである．たとえば，図 1.8 に示したヒドロキソニウムイオンでは O 原子に +1 の形式電荷が存在するが，実際には O 原子は H 原子と比べて負に帯電していることが知られている．これはヒドロキソニウムイオンの三つの O—H 結合が完全な共有結合ではなく，イオン結合の寄与が大きいことを物語っている．

1.2.3 酸 化 数

原子間の結合を純粋なイオン結合と考えて，ルイス構造を分解したときに各原子の周りに存在する電子の個数を求めてみよう．このためには，原子間の共有電子対を電気陰性度（electronegativity）の大きい原子のほうにふり分ける操作を行い，各原子の周りに存在する電子数を求めればよい．ここで，NO_3^- を例にとると，N 原子よりも O 原子のほうが電気陰性度が高いため，N 原子と O 原子との間にある共有電子対はすべて O 原子にふり分けられる．この操作を行うと，各原子にふり分けられた電子は，N 原子では 0 個で，O 原子ではすべてで 8 個となる（図 1.9）．これを各原子の価電子数と比べると，N 原子では +5 の電荷が，O 原子には -2 の電荷があることが理解できる．こうして得られた電荷の値は酸化数（oxidation number）に相当する．

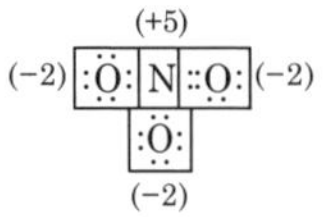

図 1.9 硝酸イオンを構成する原子の酸化数．

1.2.4 共 鳴

図 1.5 に示した NO_3^- のルイス構造では，N 原子と O 原子の間の結合は単結

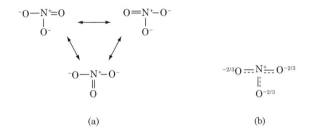

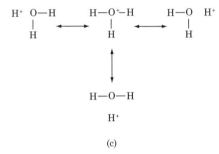

図 1.10 硝酸イオンの共鳴構造.
三つの極限構造式 (a), 共鳴を考慮したルイス構造 (点線の結合次数は 1/3) (b) とヒドロキソニウムイオンの共鳴構造式 (c).

合が二つと二重結合が一つからなっている. しかし, 実際のイオンではこのような単結合と二重結合の区別は存在せず, N 原子と O 原子との三つの結合は等価なものと考えられている.

このことは, 共鳴 (resonance) という概念を用いて説明される. すなわち, NO_3^- は図 1.10(a) に示したように, N—O 間の二重結合の位置により三つの異なるルイス構造で表せるが, 実際にはここで示した特定の構造式をとるわけではなく, これらの構造式の間の中間的な状態にあると考えられる. この構造式では, 電子状態がこれらの構造式の中間状態となっているので, これを量子力学的共鳴, あるいはたんに共鳴という. また, ここに示した三つのルイス構造を極限構造式 (canonical structure) といい, 共鳴している構造式同士を⟷で結んで表す. NO_3^- では, ここに示した極限構造式の寄与する割合が等しいため, O 原子の形式電荷は $-2/3$ でそれぞれの N—O 結合は 4/3 重結合になる (図(b)).

ヒドロキソニウムイオンの共鳴構造式を図(c) に示す. 極限構造式のなかには

H—O間の共有電子対がO原子上の非共有電子対へと移動したものがあり，これらの構造式ではH原子はH$^+$として存在している．この極限構造式の寄与が大きいためにO原子に+1の形式電荷があるものの，実際にはO原子がH原子よりも負に帯電しているといえる．

1.2.5 原子価殻電子対反発理論

原子価殻電子対反発（valence shell electron pair repulsion, VSEPR）理論を用いると，分子の立体構造をルイス構造から推定できる．これは，中心原子に注目して，その原子価殻内のすべての電子対（共有電子対と非共有電子対）が空間的に互いに離れたところに位置したほうがより安定になるという考えに基づいている．ここで，AにXがn個結合した分子の立体構造を推定してみよう．非共有電子対をEで表し，その個数をmで示すと，この分子はAX_nE_mで表せる．この分子の中心原子に存在する電子対間の反発を最小にするには，非共有電子対を含めた分子の形状がnとmの和で決定される立体構造をとればよい．つまり，図1.11に示すようにこの和が2，3，4のとき，分子はそれぞれ，直線型，正三角形型，正四面体型となり，5のときは三角両錐型，6では正八面体型となる．なお，この取り扱いで二重結合や三重結合は，単結合と同等に考える．

図1.12にいくつかの例を示す．H$_2$Oは$n = 2$で$m = 2$であるため，非共有電子対を含めると正四面体型の構造をとると推定できる．実際には，H—O—H

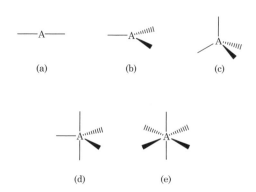

図 1.11 VSEPR理論による分子構造の推定．
$(m + n)$の値がそれぞれ2 (a)，3 (b)，4 (c)，5 (d)，6 (e) のとき．

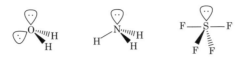

図 1.12 VSEPR 理論による分子構造の推定.

角は 104.5°であり, 正四面体の 109.5°に近い値となる. 同様に, NH$_3$ も $n = 3$, $m = 1$ であり, 非共有電子対を含めると正四面体型の構造をとると考えられる. H—N—H 角も 106.7°であり, ほぼ正四面体型の構造をとっていることがわかる. 一方, SF$_4$ は, $n = 4$, $m = 1$ であるので基本的には三角両錐型の構造をとるが, 1 対存在している非共有電子対がそのなかの一つを占めるので, シーソー型の構造をとると推定される.

1.3 結合理論

ルイス構造はオクテット則に基づいて分子構造を表したものであり, そこには原子軌道の概念は反映されていない. 原子のなかの電子は原子軌道に収容されていることはすでに学んだが, このことと分子構造との間にはどのような関連があるのであろうか. ここでは, 原子価結合法 (valence bond method) と分子軌道法 (molecular orbital method) を用いた結合理論について説明する.

1.3.1 原子価結合法

原子価結合法では, 原子軌道が重なることにより化学結合が生じるものとする. つまり, 電子 1 個が入った原子軌道は, 同様に電子 1 個が入ったほかの原子の原子軌道と重なりを生じて結合ができると考える. このさいにそれぞれの原子軌道に存在する電子のスピンはそれぞれ逆方向を向いている. また, 軌道の重なりの程度が大きいほど強い結合が形成される.

原子価結合法の例として, HF を図 1.13 に示した. 図(a)のように H 原子は 1s^1 の, また F 原子は [He] 2s^2 2p^5 の電子配置をもっている. F 原子では, 三つある 2p 軌道のうちの二つは電子 2 個で満たされているが, 残りの一つには電子が 1 個しか入っていない. この原子軌道を 2p$_z$ とすると, これが H 原子の 1s

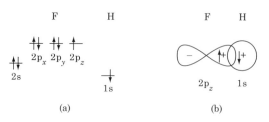

図 1.13 原子価結合法による H—F 間の結合の説明．F 原子と H 原子の価電子の電子配置 (a) と原子軌道の重なりによる化学結合の形成 (b)．

軌道と重なりを生じることで結合が形成される（図 1.13(b)）．

原子価結合法では，原子価電子が必ずしもそのまま結合にかかわるわけではない．たとえば，1 個の C 原子と複数の H 原子による分子を考えてみよう．C 原子には $2s^2 2p^2$ の電子配置で示される 4 個の価電子が存在する．このなかの 2 個の 2s 電子はスピンが対をつくって収容されているため，ほかの原子との結合には用いられない．一方，2 個の 2p 電子はフントの規則によりそれぞれべつべつの 2p 軌道に収容されていて，ほかの原子との間に結合を形成することが可能である．この軌道を $2p_x$, $2p_y$ とすると C 原子 1 個と H 原子による化合物は CH_2 となり，さらに二つの 2p 軌道はそれぞれ x 軸と y 軸方向を向いているので，二つの C—H 結合も互いが直交したものになるはずである．しかし，実際にはよく知られているように，C 原子 1 個と H 原子による化合物は，C 原子に H 原子 4 個が結合したメタン（CH_4）となる．CH_4 は，C 原子を重心とする正四面体の頂点に H 原子が位置した構造をとっていて，原子軌道そのものだけではこの事実を説明することができない．そのために導入されたのが混成軌道（hybrid orbital）といわれる概念である．以下に s 軌道と p 軌道から導かれる sp, sp^2, sp^3 混成軌道を示す．

a. sp 混成軌道

s 軌道と p 軌道の和をとった新たな軌道 ψ_+ を考えよう（図 1.14）．p 軌道として p_z 軌道をとることにする．p_z 軌道は z 軸の正の領域で正，負の領域で負であり，また s 軌道は全体的に正の値を示すため，両者の和である ψ_+ は z 軸方向に伸びた，大きさの異なる突出部をもつアレイ形となる．この軌道の大きな突出部は z 軸の正の方向に位置し，正の値を示す．逆の方向に分布している小さな突出

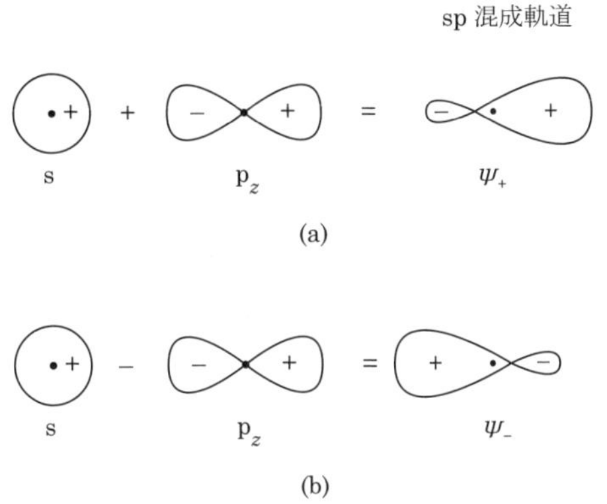

1.3 結合理論　19

sp 混成軌道

(a)

(b)

図 1.14 sp 混成軌道の形成.
s 軌道と p 軌道の和 (a) と差 (b) による二つの sp 混成軌道の形成.

部では負の値をとる（図 1.14(a)）. 一方, s 軌道から p_z 軌道を差し引いて得られる軌道 ψ_- は, ψ_+ と同一の形をしているが, これとは逆方向を向いたものとなる（図(b)）. これらの二つの軌道は sp 混成軌道といわれ, その分布は混成に用いた p 軌道の方向と一致する.

sp 混成軌道で説明される分子にアセチレン（C_2H_2）がある. C 原子は基底状態では $2s^2 2p^2$ の電子配置をとっているが（図 1.15(a)）, 2s 軌道の電子一つがエネルギー準位の高い $2p_z$ 軌道に昇位（promotion）し（図(b)）, 2s 軌道と $2p_z$ 軌道が混成すると, 二つの sp 混成軌道が生じる（図(c)）. この混成軌道は, z 軸の正と負の方向を向いていて, これと直交する方向に $2p_x$, $2p_y$ 軌道が存在

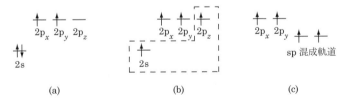

図 1.15 炭素原子における sp 混成軌道の形成.
C 原子の基底状態における電子配置 (a) の 2s 軌道の電子が 1 個 $2p_z$ 軌道に昇位 (b) し, 2s 軌道と 2p 軌道から sp 混成軌道が形成される. sp 混成軌道での電子配置 (c) は, すべての電子のスピンは同じ方向を向いている.

している.なお,電子は $2p_x$, $2p_y$ 軌道に一つずつ,二つの sp 混成軌道にも一つずつ収容される.

C_2H_2 の分子構造は,図 1.16(a) に示したように C—C 間の三重結合と C—H 間の単結合からなる.ここで,x 軸と z 軸をそれぞれ紙面の上下方向と左右方向にとり,y 軸を紙面と垂直の方向にとることにしよう.便宜上左側の H 原子と C 原子をそれぞれ H_A 原子と C_A 原子とし,右側の H 原子と C 原子をそれぞれ

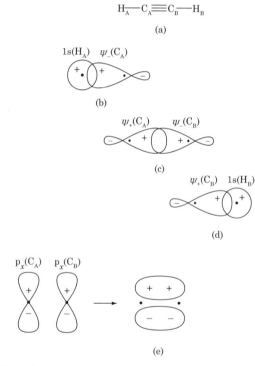

図 1.16 原子価結合法に基づくアセチレンの化学結合.
C 原子の二つの sp 混成軌道を Ψ_+ と Ψ_- で示した.アセチレンの構造 (a),H_A 原子の 1s 軌道と C_A 原子の Ψ_-(sp) 軌道の重なりによる σ 結合の形成 (b),C_A 原子の Ψ_+(sp) 軌道と C_B 原子の Ψ_-(sp) 軌道の重なりによる σ 結合の形成 (c),C_B 原子の Ψ_+(sp) 軌道と H_B 原子の 1s 軌道との重なりによる σ 結合の形成 (d),C_A 原子と C_B 原子の p_x 軌道同士の重なりによる π 結合の形成 (e).なお,p_y 同士による π 結合は紙面と垂直の方向に伸びている.

H_B 原子と C_B 原子とする. C_A 原子の sp 混成軌道の一つ（$\psi_-(C_A)$）が H_A 原子の 1s 軌道と重なりを生じ, H_A—C_A 間の結合となる（図 1.16(b)）. C_A 原子のもう一方の sp 混成軌道（$\psi_+(C_A)$）と C_B 原子の sp 混成軌道の一つ（$\psi_-(C_B)$）との重なりからは C_A—C_B の結合が（図(c)）, また C_B 原子のもう一方の sp 混成軌道（$\psi_+(C_B)$）と H_B 原子の 1s 軌道との重なりからは C_B—H_B の結合（図(d)）が形成する. 結合には sp 混成軌道を使用しているので, H_A—C_A—C_B—H_B は z 軸方向の一直線上にならぶことがわかる. ここで示したような原子と原子の間の結合軸に軌道が重なることで生じた結合を σ 結合とよぶ.

　一方, それぞれの C 原子には, $2p_x$ 軌道と $2p_y$ 軌道に不対電子が 1 個ずつ存在している. ここで, 両方の C 原子の $2p_x$ 軌道が側面で重なりを生じると結合が形成される（図(e)）. このような相互作用で形成される結合は π 結合とよばれる. 同様の π 結合は, 紙面と垂直の方向を向いた $2p_y$ 軌道でも生じる. 以上から C_2H_2 の C—C 間の三重結合は, 1 個の σ 結合と 2 個の π 結合によることが理解できる.

b. sp^2 混成軌道

　s 軌道と 2 個の p 軌道の線形結合から 3 個の sp^2 混成軌道が生じる. p 軌道として p_x 軌道と p_y 軌道を用いると, sp^2 混成軌道は xy 平面方向に広がりをもち, それぞれは互いに 120° の角度を保っている（図 1.17(a)）. 混成に用いられなかった p_z 軌道は, この平面に対して垂直方向に伸びている. sp^2 混成軌道の分布は sp 混成軌道とほぼ同様の非対称のアレイ形をしており, 大きな突出部がほかの原子との結合に用いられる.

　エチレン（C_2H_4）の二つの C 原子は両方とも sp^2 混成軌道をとっている. C_2H_2 のときと同様に 2s 電子の 1 個が 2p 軌道に昇位し, 2s 軌道と二つの 2p 軌道から sp^2 混成軌道が三つ形成される. ここでは紙面を xy 平面に一致させ, $2p_x$ 軌道と $2p_y$ 軌道が混成に用いられるものとする. その結果, $2p_z$ 軌道と三つの sp^2 混成軌道にはそれぞれ 1 個の電子が収容される（図(b)）. 2 個の C 原子にある sp^2 混成軌道は両者の重なりから σ 結合を形成する. 残りの sp^2 混成軌道は H 原子の 1s 軌道との間での σ 結合の形成に用いられる（図(c)）. このため, C_2H_4 の二つの C 原子と四つの H 原子は xy 平面上にあり, C—C と二つの C—H 間の結合角は 120° となる. 一方, 両方の C 原子の $2p_z$ 軌道は紙面と垂直の方向

(a)

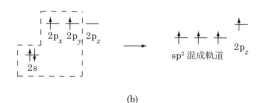

(b)

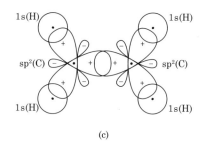

(c)

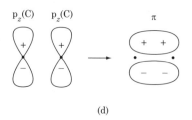

(d)

図 1.17 原子価結合法に基づくエチレンの化学結合.
　sp^2 混成軌道の分布 (a). C 原子の基底状態における電子配置と sp^2 混成軌道を形成したときの電子配置 (b). ここでは, C 原子の 2s 軌道と $2p_x$, $2p_y$ の二つの軌道(点線で囲んだ)から sp^2 混成軌道が形成される. また, すべての電子のスピンは同じ方向を向いている (b). C 原子の sp^2 混成軌道と H 原子の 1s 軌道の重なりならびに C 原子の sp^2 混成軌道同士の重なりからの σ 結合の形成 (c). $2p_z$ 軌道(紙面と垂直の方向を向いている)同士の重なりからの π 結合の形成 (d).

を向いており，それぞれ電子1個が存在している．この両者の側面からの重なりから C_2H_2 のときと同様に π 結合が生じる（図 1.17(d)）．すなわち，C_2H_4 の C—C 間の二重結合は，σ 結合と π 結合のおのおの一つずつから構成されている．

c. sp^3 混成軌道

s 軌道と p_x，p_y，p_z の三つの p 軌道を線形結合させると，4個の sp^3 混成軌道ができあがる．軌道の形は，sp 混成や sp^2 混成と同様の非対称のアレイ形をしており，大きなほうの突出部は図 1.18(a) に示すように，それぞれが正四面体の重心から頂点の方向に伸びている．

メタン（CH_4）の C 原子では sp^3 混成軌道が形成されている．これは，2s 電子が一つ 2p 軌道に昇位し，2s 軌道と 3 個の 2p 軌道の混成から 4 個の sp^3 混成軌道が生じる．この混成軌道にはそれぞれ電子が 1 個ずつ収容されており

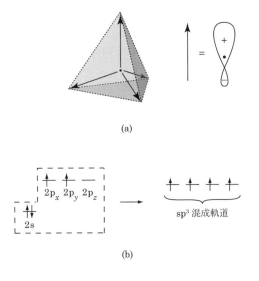

図 1.18 メタンの炭素原子の sp^3 混成軌道．四つの sp^3 混成軌道は正四面体の重心から各頂点方向に向いている（図中に矢印で示す）(a)，基底状態の C 原子の電子配置と sp^3 混成軌道の電子配置 (b)，メタンの正四面体型構造 (c)．

24   1 分子の構造と反応

（図 1.18(b)），H 原子の 1 s 軌道との間に σ 結合を形成し正四面体型の CH_4 となる（図(c)）．

　同様の sp^3 混成軌道をとっているものとして，アンモニア（NH_3）があげられる．この分子では N 原子の 2 s 軌道と 2 p 軌道が混成して 4 個の sp^3 混成軌道を形成する．ここに，N 原子の価電子 5 個を収容すると，そのうちの一つでは電子が 2 個収容された非共有電子対となる．残りの三つの軌道には電子が 1 個ずつ入っており，これが H 原子と結合し NH_3 となる．したがって，図 1.12 に示した非共有電子対の存在がここからも理解できる．

　以上に示した混成軌道をとる理由をエネルギーの観点から考えてみよう．sp^3 混成軌道を例にとると，混成軌道を形成するにはその前に C 原子の 2 s 電子 1 個が 2 p 軌道に昇位する．この過程はエネルギー準位の低い軌道から高い軌道に電子が移動するためにエネルギーを必要とする．一方，C 原子は sp^3 混成軌道をとることにより H 原子との間に 4 個の C—H 結合を形成することが可能となる．これは，C 原子が混成軌道をとらずに H 原子と結合を形成する場合よりも C—H 結合の数が 2 個多くなり，その分だけエネルギーが低下することを意味している．つまり，昇位による不安定化よりも多数の C—H 結合を形成することによる安定化のほうが上回り，その結果，混成軌道が形成されるものと解釈される．

　このように原子価結合法では，化学結合をその方向性を含めて簡単に示せるが，すべての分子の構造を説明することはできない．たとえば，O_2 は基底状態で不対電子を 2 個有した三重項状態をとることが知られているが，この構造は原子価結合法では説明できない．O_2 における不対電子は，つぎに述べる分子軌道法で理解できるようになるが，これについては 5.1.1 項で詳しく述べよう．

1.3.2 分 子 軌 道 法

　分子軌道法では，分子のなかの電子の“ふるまい”を記述する分子の波動関数から原子間の結合を理解する．原子軌道の波動関数は単一の原子核による電場中の電子に対して求められるが，分子軌道の波動関数は複数の原子核による電場中の電子に対して求められる，という違いがある．分子軌道の波動関数を得るにはいくつかの方式があるが，ここでは，LCAO（linear combination of atomic orbital）法といわれる方式について説明する．これは構成される原子の波動関

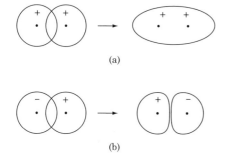

図 1.19　1s軌道同士の相互作用による分子軌道の形成．
1s軌道同士の和の相互作用によるσ軌道の形成 (a) と1s軌道同士の差の相互作用によるσ*軌道の形成 (b)．

数の線形結合から波動関数を求めるものである．

　H_2 を例にとろう．H原子同士が近づくと1s軌道同士が重なりを生じる．位相がそろった波動が重なり合うと振幅が大きくなるのと同様に，波動関数の和の相互作用からσ軌道といわれる分子軌道が生じる（図1.19(a)）．一方，位相が逆の波動が重なり合うと振幅が相殺されるのと同様に，波動関数の差の相互作用からσ*軌道といわれる分子軌道が形成される（図(b)）．両方の分子軌道とも，結合軸に関する任意の回転に対して対称性が保存される特徴がある．以下ではこの対称性をσ対称性とよぶ．なお，σ*軌道には結合軸に垂直な節面が存在する．

　生じた分子軌道のエネルギー準位を図1.20に示した．σ軌道はH原子の1s軌道よりエネルギーが低く，σ*軌道は逆に高い．両方の軌道とも電子を2個ま

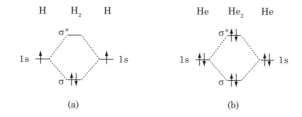

図 1.20　二つの1s軌道からのσ軌道とσ*軌道の形成．
　　　　H_2 のエネルギー準位 (a) と He_2 のエネルギー準位 (b)．
　　　　H_2 では1sに存在していた電子がσ軌道に収容されることで安定化，すなわち化学結合が生じる．一方，He_2 では1sに存在していた電子がσ軌道とσ*軌道とに収容されるが，σ*軌道のエネルギーが高いため結合の形成には至らない．

で収容することができるので，H原子の電子が2個とも σ 軌道に収容されるとエネルギーが低下する．これは H—H 間に結合が形成されたことを意味しており，それゆえ σ 軌道は結合性軌道（bonding orbital）といわれる．なお，このとき両方の電子スピンは互いに逆方向を向いている．

ここで，He_2 について考えよう．実際には He_2 は存在しないが，仮にこのような分子が存在したとすると，生じる分子軌道とそこへの電子の充填は図 1.20 (b) に示したようになるであろう．つまり，1s 軌道の重なりから σ 軌道と σ* 軌道が生じ，それぞれの He 原子の電子が両方の軌道に 2 個ずつ収容される．σ 軌道への電子の収容は，エネルギーを低下させるため結合を形成するが，σ* 軌道への電子の収容はエネルギーを上昇させ，結合を破壊するようにはたらく．このため σ* 軌道は反結合性軌道（antibonding orbital）といわれる．このように He_2 は，エネルギーの安定化がエネルギーの不安定化で相殺されるため，分子の形成には至らない．

σ 軌道のときとは別の相互作用も存在する．図 1.21 に示したように二つの p 軌道が側面から近づくと，結合軸の上下の空間で軌道が重なる．このとき和の相互作用からは π 軌道（図(a)）が，差の相互作用からは π* 軌道が生じる（図(b)）．軌道のエネルギーは σ 軌道のときと同様に，π 軌道では安定化が生じるために結合性軌道となり，π* 軌道では不安定化が生じるために反結合性軌道となる．両方の軌道とも，結合軸に関して 180°回転させると波動関数の符号が逆転すると

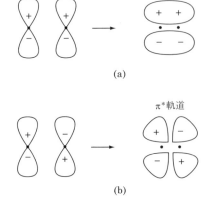

図 1.21 p 軌道の相互作用による π 軌道の形成．
p 軌道同士の側面からの和と差の相互作用により π 軌道と π* 軌道が形成される．ここでは差としての相互作用は位相が逆転した（正と負の符号が逆になった）p 軌道との和で示す．

いう特徴がある．これを，π対称性とよぶ．なお，π軌道には結合軸を通る節面があり，π*軌道ではこのほかに結合軸に直交した節面が存在する．

すべての原子軌道同士がこのような相互作用を行うわけではない．一般に，原子軌道の相互作用が分子軌道を形成するには，

（1） 軌道のエネルギー準位が近いこと
（2） 軌道の対称性が等しいこと

が必要となる．軌道の対称性について以下に説明しよう．たとえば結合軸をz軸方向にとると，s軌道とp_z軌道（図1.22(a)），あるいはp_z軌道とp_z軌道からはσ軌道が形成され（図(b)），d_{zx}軌道とp_x軌道からはπ軌道が生じる（図(c)）．前者の二つは，結合にかかわる二つの原子軌道が結合軸に関してσ対称性を有しており，後者は結合軸に関してπ対称性を有している．つまり，軌道同士の対称性が等しい．一方，s軌道は結合軸（z軸）に関してσ対称性であるがp_x軌道はπ対称性であるため，これらの対称性は異なっている（図(d)）．したがっ

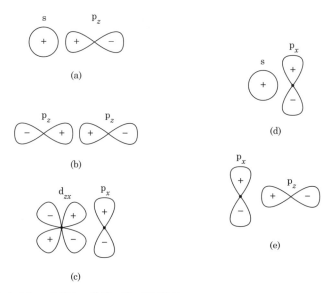

図 1.22 s軌道とp軌道の間の相互作用．
(a)と(b)は結合軸に対する回転対称性を有するためσ軌道が形成される．(c)は両方の軌道とも結合軸に対する180°の回転で符号が反転するのでπ軌道が形成される．(d)と(e)は両方の軌道に同一の対称性が存在しないので分子軌道は形成されない．

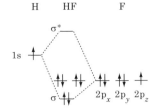

図 1.23 HF 形成の分子軌道法による説明. H 原子の 1s 軌道と F 原子の 2p_z 軌道(結合軸を z 軸方向にとる)とから σ 軌道と σ* 軌道が形成される.

て,この場合には両方の軌道の和をとっても,また差をとっても,正の相互作用と負の相互作用が相殺し合うために分子軌道が形成されない.p_x 軌道と p_z 軌道でも同様の理由で分子軌道の形成には至らない(図 1.22(e)).

分子軌道法を用いて化学結合を説明しよう.HF での分子軌道の形成を図 1.23 に示す.H 原子の 1s 軌道と F 原子の 2p_z 軌道は対称性が同じため相互作用を行い,その結果 σ と σ* の分子軌道が形成される.一方,F 原子の 2p_x 軌道と 2p_y 軌道は,H 原子の 1s 軌道と対称性が異なるため分子軌道の形成には至らずそのまま非結合性軌道となる.ここで,H 原子の 1s 電子 1 個と F 原子の 2p 電子 5 個をエネルギーの低い分子軌道から収容すると,σ,2p_x,2p_y の軌道に電子が 2 個ずつ入った状態となる.結合次数(bond order)は,結合性軌道に収容されている電子数を n(結合),反結合性軌道に収容されている電子数を n(反結合)とすると,

$$結合次数 = \{n(結合) - n(反結合)\}/2 \tag{1.1}$$

で定義される.したがって,HF では $(2-0)/2 = 1$ と求まり,ルイス構造の単結合と一致する.

1.4 化 学 反 応

糸でつるされた分銅は糸を切ると落下する.分銅のもつエネルギーは位置エネルギーと運動エネルギーであり,この落下過程ではエネルギーの総和が一定に保たれている.それにもかかわらず分銅が落下するのは,分銅が位置エネルギーを低下させる方向に移動するためと理解される.

CH_4 は燃焼して,つまり O_2 と反応して H_2O と CO_2 になる.逆に,CO_2 と

Box 1.1

エンタルピー

系が熱量 q を吸収し外界に仕事 w を行った場合を考えてみよう（図 B1.1-1）．系の内部エネルギーを U とすると，エネルギー保存則から，

$$\Delta U = q - w \tag{B1.1-1}$$

の関係が得られる．一方，エンタルピー H は系の圧力 P と体積 V を用いて，

$$H = U + PV \tag{B1.1-2}$$

で定義される．一定圧力における H の変化 ΔH は，

$$\Delta H = \Delta U + P\Delta V \tag{B1.1-3}$$

となり，これに式(B1.1-1)を代入すると，

$$\Delta H = q - w + P\Delta V \tag{B1.1-4}$$

が得られる．ここで，系が行う仕事が体積膨張によるものだけとすると，$w = P\Delta V$ となるため，

$$\Delta H = q \tag{B1.1-5}$$

が得られる．ここで "Δ" が化学反応の反応原系から生成系へ至る過程での変化を意味するとすると，ΔH とは一定圧力で系が吸収した熱量 q をさすことが理解できる．つまり，ΔH が正の値をとるときには吸熱反応となり，負の値をとるときは発熱反応となる．

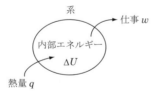

図 B1.1-1 系が熱量 q を吸収し外部に仕事 w を行ったときの内部エネルギー変化の模式図．

30   1　分子の構造と反応

H_2O を混合するだけで CH_4 と O_2 を生成することはない．このように化学反応の方向性もある法則により支配されている．分銅の落下において位置エネルギーがその指標となっているように，化学反応ではギブズエネルギー（Gibbs energy）といわれる熱力学量が方向性を決定する要因となる．しかし，この熱力学的因子は反応の方向性を決定するだけのものであり，これが減少しても反応

Box 1.2

状　態　関　数

　一定圧力で生じる化学反応において，系が体積膨張以外の仕事を行わないときには，系が吸収する熱量 q とエンタルピー変化 ΔH が等しくなる．そうであるならば，エンタルピーという物理量をあえて導入する必要はなさそうに思えるが，実際にはこの物理量を用いて反応の解析が行われている．ここでエンタルピーを導入する理由を以下に述べる．

　標高を例にしよう．たとえば，御殿場は東京駅より 455 m 標高が高く，富士山頂は御殿場よりも 3318 m 標高が高い．このことから，富士山頂は東京駅よりも 3773 m 標高が高いと求まる．つまり，この計算ではある地点から別の地点に至る過程での標高差という物理量に主眼がおかれている．

　化学反応では，水素（H_2），エタン（C_2H_6），エチレン（C_2H_4）の燃焼熱が，

$$H_2 + 1/2\,O_2 \longrightarrow H_2O + 284\,\text{kJ} \qquad (B1.2\text{-}1)$$

$$C_2H_6 + 7/2\,O_2 \longrightarrow 2\,CO_2 + 3\,H_2O + 1556\,\text{kJ} \qquad (B1.2\text{-}2)$$

$$C_2H_4 + 3\,O_2 \longrightarrow 2\,CO_2 + 2\,H_2O + 1408\,\text{kJ} \qquad (B1.2\text{-}3)$$

のように知られている．ここから，C_2H_4 の水素添加，

$$C_2H_4 + H_2 \longrightarrow C_2H_6 \qquad (B1.2\text{-}4)$$

における反応熱は，式(B1.2-3) － 式(B1.2-2) ＋ 式(B1.2-1) の計算を行うことで 136 kJ と求まる．この計算では反応という過程で生じる発熱量に主眼がおかれており，その意味では標高差を用いた計算と同等である．

　標高（altitude）は，ある海水面に対する高さと定義される．つまり，任意の地表の位置を変数とする関数と考えることができる．これを A（位置）

は必ずしも進行しない．実際の反応では速度論的因子もその進行にかかわることがその理由である．つまり，化学反応は熱力学と速度論に基づいて理解する必要がある．

とすると，富士山の標高は 3776 m なので，

$$A(富士山頂) = 3776\ \text{m} \tag{B1.2-5}$$

と表せる．また，御殿場の標高は 458 m で東京駅は 3 m なので，

$$A(御殿場) = 458\ \text{m} \tag{B1.2-6}$$

$$A(東京駅) = 3\ \text{m} \tag{B1.2-7}$$

となる．ここから東京駅から富士山頂への標高差は，

$$A(富士山頂) - A(東京駅) = 3773\ \text{m} \tag{B1.2-8}$$

と求めることができる．このように関数 A は位置が定まるとその値が決まるものであり，このように特定の状態を指定すると関数値が求まるものを状態関数という．

　エンタルピー H も同様の状態関数であり，物質とその状態を指定すれば関数値が求まる．実際の取り扱いでは標高と同様に基準を設けることが必要で，これには物質を構成する単体（同素体がある場合はもっとも安定なもの）が用いられる．この状態から物質 1 mol を生成するときのエンタルピー変化は標準モル生成エンタルピー $\Delta_f H°$ といわれる．したがって，式（B1.2-4）でのエンタルピー変化は，

$$\Delta H = \Delta_f H°(\text{C}_2\text{H}_6) - \{\Delta_f H°(\text{C}_2\text{H}_4) + \Delta_f H°(\text{H}_2)\} \tag{B1.2-9}$$

で与えられる．ここで，$\Delta_f H°(\text{C}_2\text{H}_6)$，$\Delta_f H°(\text{C}_2\text{H}_4)$，$\Delta_f H°(\text{H}_2)$ はそれぞれ C_2H_6，C_2H_4，H_2 の標準モル生成エンタルピーを表す．反応後の物質のもつエンタルピーから反応前の物質のもつエンタルピーを差し引いた値が吸熱量に等しくなるため，エンタルピーは熱含量（heat content）ともいわれる．

　つまり，**反応熱は，化学反応の過程に対して求まる物理量**であるが，**エンタルピーは，それぞれの物質がもつ固有の物理量**という違いがある．

1.4.1 化学反応の方向性

ギブズエネルギー G は，熱力学量であるエンタルピー（enthalpy）H，エントロピー（entropy）S，ならびに絶対温度 T を用いて，

$$G = H - TS \tag{1.2}$$

と定義される．系が物理化学的な変化を遂げると，それに対応してギブズエネルギーも変化する．この変化 ΔG は温度一定の条件下では，

$$\Delta G = \Delta H - T\Delta S \tag{1.3}$$

で示される．ここで，ΔH と ΔS はそれぞれ系の変化により生じたエンタルピーとエントロピーの変化を示している．化学反応が進行するためには，ギブズエネルギーが低下すること，すなわち ΔG が負の値をとることが必要条件となる．以下にエンタルピーとエントロピーについてそれぞれ説明しよう．

a. エンタルピー

エンタルピー H は系の内部エネルギー（internal energy）U，圧力 P と体積 V を用いて，

$$H = U + PV \tag{1.4}$$

で定義される．内部エネルギーとは分子の熱運動，分子間相互作用，原子間結合エネルギーなどの種々の因子から構成されており，その絶対値を知ることはできない．しかし，系の変化に対して生じる内部エネルギーの変化は，相対値として決定することができる．したがって，一定圧力下で生じる化学反応において，系が行う仕事が体積膨張によるものだけだとすると，**エンタルピー変化 ΔH は系が吸収した熱量に相当する**（p.29 の Box 1.1）．

なお，エタルピー変化が化学反応にともなう熱の出入りを表すのに用いられるのは，エンタルピーが状態関数であることによる（pp.30〜31 の Box 1.2）．

一般に化学反応では熱の出入り（ΔH）に対して体積変化による仕事は無視できるため，

$$\Delta U \approx \Delta H \tag{1.5}$$

の近似が成り立つ（Box 1.3）．また，一定温度で進行する化学反応に限ると，内部エネルギー変化のもっとも大きな部分は原子間結合エネルギーの変化が占めて

1.4 化 学 反 応　　33

Box 1.3

内部エネルギーとエンタルピー

H_2 と O_2 が 25℃, 1 気圧の条件で反応し H_2O が生成する反応を考えよう.

$$2\,H_2(g) + O_2(g) \longrightarrow 2\,H_2O(l) \tag{B1.3-1}$$

ここで, ( ) 内の g は気体 (gas), l は液体 (liquid) を表す. この場合の ΔH は, O_2 1 mol 当たり -572 kJ であるが, このときの内部エネルギー変化を計算してみよう.

エンタルピーの定義から, 内部エネルギー変化 ΔU はエンタルピー変化 ΔH と系が行った仕事 $P\Delta V$ を用いて,

$$\Delta U = \Delta H - P\Delta V \tag{B1.3-2}$$

で表される. ここで, 反応による体積変化は 3 mol の気体が 2 mol の液体に変わったため, 気体 3 mol 分の体積が減少したと考えられる. 気体のモル数が変化するときに系が行う仕事は,

$$P\Delta V = \Delta nRT \tag{B1.3-3}$$

で与えられるため, 反応(B1.3-1) では, 系は外部に,

$$P\Delta V = (-3)RT = -3\ \text{mol} \times 8.3\ \text{J mol}^{-1}\,\text{K}^{-1} \times 298\ \text{K} = -7.4\ \text{kJ} \tag{B1.3-4}$$

の仕事を行ったことになる. したがって, 内部エネルギー変化は,

$$\Delta U = -572\ \text{kJ} - (-7.4\ \text{kJ}) = -565\ \text{kJ} \tag{B1.3-5}$$

と求まる. つまり, 体積変化による仕事は熱の出入りと比べて非常に小さい. このことはほかの化学反応でも成り立つので, 一般に,

$$\Delta U \approx \Delta H \tag{B1.3-6}$$

と近似できる.

34   1 分子の構造と反応

いるため，内部エネルギー変化は原子間結合エネルギーの変化の総和にほぼ等しいとみなすことができる．つまり，ΔH は ΔU と同様に反応にともなう原子間結合エネルギーの変化を示すものと考えることができる．ここで議論を単純化するために，分子 AB と分子 XY から分子 AX と分子 BY が生じる場合を考えよう．

$$AB + XY \longrightarrow AX + BY \tag{1.6}$$

ここで，A，B，X，Y はそれぞれ原子を示すものとする．これらの原子が単独で存在している状態を基準にすると，反応原系では A—B と X—Y の結合エネル

Box 1.4

内部エネルギーと結合エネルギー

　化学反応における内部エネルギー変化は結合エネルギーの変化で近似できることに注意して，内部エネルギーの実体について考えてみよう．反応

$$2\,H_2(g) + O_2(g) \longrightarrow 2\,H_2O \tag{B1.4-1}$$

を例にとると，ここでは，二つの H—H 結合と一つの O—O 結合が，四つの H—O 結合に変わっている．図 B1.4-1 に H_2 の分子形成におけるエネルギー変化を模式的に示した．H 原子同士が無限に離れているときのエネルギーを基準のゼロとしよう．エネルギーは，H 原子同士が近づくにつれて減少し，最小値に達したあとは急激に上昇する．この最小値に達した地点が H_2 の形成を示しており，またこのエネルギーの最小値 D_{H-H} が結合エネルギーとなる．つまり，H 原子と H 原子が無限遠の位置に存在したときを基準にすると，H_2 を形成することにより，エネルギーが D_{H-H} だけ安定化する．あるいは，H_2 は，H 原子よりも $-D_{H-H}$ のエネルギーをもっているといえる．同様の考察は O_2 と H_2O でも可能である．すなわち，O—O の結合エネルギーを D_{O-O}，また O—H の結合エネルギーを D_{O-H} とすると，それぞれがばらばらの原子として存在していたときよりも O_2 では D_{O-O}，また H_2O では D_{O-H} 二つ分だけエネルギーが低下している．化学反応では，反応前後の原子の種類と数は変化しないため，この反応で生じた内部エネルギー変化 ΔU は，

ギーの和（$D_{反応原系}$）の分だけエネルギーが低下していることになる（Box 1.4）．同様に反応生成系では，A—X と B—Y の結合エネルギーの和（$D_{反応生成系}$）の分だけエネルギーが低下していることがわかる．式(1.6)が発熱反応であったとすると，これは反応生成系での結合エネルギーの和が反応原系のものよりも大きいこと（$D_{反応生成系} > D_{反応原系}$）を意味している．あるいは，反応により結合エネルギーの和が低下し，それに相当するエネルギー（$D_{反応生成系} - D_{反応原系}$）が熱として放出されたともいえる．

化学反応には発熱反応（exothermic reaction）のほかに吸熱反応（endothermic

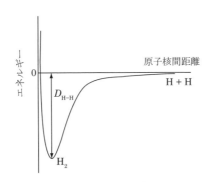

図 B1.4-1 水素原子から水素分子が形成されるときのエネルギー変化の模式図．
H 原子同士が無限遠の位置に存在するときのエネルギーをゼロとしている．

$$\Delta U = -4 D_{O-H} + (2 D_{H-H} + D_{O-O}) \quad (B1.4\text{-}2)$$

で与えられる．つまり，化学結合の組換えによるエネルギー変化がエンタルピー変化として現れているといえる．

36   1   分子の構造と反応

reaction) も存在する．このことは，分子の結合エネルギーの総和が減少すると
きでも反応が進行し得ることを意味している．すなわち，エンタルピーは反応の
方向性を示す一つの要因ではあるが，これ単独では方向性は定まらない．

b. エントロピー

　反応の方向性を決定づける別の因子にエントロピー S がある．この概念は，
系の乱雑さを示す尺度を数値化したものととらえればよい．つまり，秩序があり
自由度の少ない系のエントロピーは小さく，逆に自由度の大きい系ではエントロ
ピーは大きな値となる．たとえば，液体は固体よりも，また気体は液体よりもエ
ントロピーが大きい．したがって，固体から液体，あるいは液体から気体への変
化におけるエントロピー変化 ΔS は正の値となる．これは，固体ではそれぞれの
分子（あるいはイオン）は互いが結合で強く結びつき束縛された状態にあるが，
液体，気体となるにつれてその束縛力が弱まり自由度が大きくなるからと理解で
きる．また，分子の総数が増加する反応でも反応生成系は反応原系よりも自由度
が大きく，ΔS は正の値を示す．

1.4.2 化学反応における熱力学量の変化の例

　実際に進行する化学反応におけるエンタルピー，エントロピーならびにギブズ
エネルギーの変化をみてみよう．化学反応ではかかわる物質の濃度や圧力が異な
ると ΔG や ΔH が変化するので，標準状態を定義しその条件での反応の方向性を
論じよう．標準状態とは，気体，液体，固体では純物質で 1 bar [3] の圧力下にあ
るものをいい，溶液では $1\ \mathrm{mol\ L^{-1}}$ の濃度のものである．なお，この過程で生じ
る熱力学量の変化は，$\Delta G°$，$\Delta H°$，$\Delta S°$ などのように右肩に "°" を付して表し，
それぞれ標準ギブズエネルギー変化，標準エンタルピー変化，標準エントロピー
変化とよぶ．これらの物理量の間にはギブズエネルギーの定義と同様に，

$$\Delta G° = \Delta H° - T\Delta S° \tag{1.7}$$

の関係がある．最初にハーバー法によるアンモニア（NH_3）の合成を取り上げよ
う．

$$\mathrm{N_2(g) + 3\,H_2(g) \longrightarrow 2\,NH_3(g)} \tag{1.8}$$

───────────

[3]　1 bar（バール）は 0.987 気圧となる．

この反応の熱力学量の変化は，

$$\Delta H^\circ = -92 \text{ kJ}, \ T\Delta S^\circ = -59 \text{ kJ}, \ \Delta G^\circ = -33 \text{ kJ} \tag{1.9}$$

と示される．この反応では，ΔH°が負の値をとることから発熱反応であることがわかる．これは，N－N 間の三重結合が 1 個と H－H 間の結合が 3 個よりも N－H 間の結合 6 個のほうが安定であることを意味している．一方，$T\Delta S^\circ$が負の値をとっているのは，反応原系では気体が合計 4 mol 存在しているが反応生成系では気体は 2 mol となり，系の自由度が減少したためと解釈される．両者の値から ΔG°は負の値をとり，そのため反応の方向は右向きとなる．

吸熱反応の例として塩化ナトリウム（NaCl）の溶解を取り上げる．これは，

$$\text{NaCl(s)} + n\,\text{H}_2\text{O} \ \longrightarrow \ \text{Na}^+(\text{aq}) + \text{Cl}^-(\text{aq}) \tag{1.10}$$

で表され，この過程における熱力学量の変化は，

$$\Delta H^\circ = 1.9 \text{ kJ}, \ T\Delta S^\circ = 4.7 \text{ kJ}, \ \Delta G^\circ = -2.7 \text{ kJ} \tag{1.11}$$

となる．ここで，(aq) はそれぞれのイオンの水和状態を示す．この反応では，Na^+と Cl^-とが真空中に単独で存在している状態を基準にすると理解しやすい．NaCl の結晶は Na^+と Cl^-が静電的な引力で結合したものである．イオンが単独で存在していた状態から結晶を形成する過程では格子エネルギー（lattice energy）というエネルギーが放出されるので，NaCl の結晶はこのエネルギーの分だけ安定化している．一方，NaCl の水溶液では Na^+と Cl^-が両方とも水和している．真空中に存在しているイオンから水和イオンになるさいには水和エネルギー（hydration energy）といわれるエネルギーが放出される．つまり，NaCl の水溶液では水和エネルギーの分だけ安定化している．このことを踏まえて NaCl の溶解反応をみてみよう．反応では，ΔH°が正の値をとるため吸熱反応であり，これは水和エネルギーよりも格子エネルギーのほうが大きいことを物語っている．つまり，NaCl は結晶として存在していたほうが安定といえる．ここでエントロピー項に注目すると，$T\Delta S^\circ$は正の値を示し，反応にともない増加することがわかる．これは，それぞれのイオンが高い秩序が保たれていた結晶状態から水中を自由に動き回る水和イオンへの変換が生じたため自由度が増加したことを反映している．まとめると，ΔH°は正の値であるが$-T\Delta S^\circ$の減少量がこれをしのぐため ΔG°が負の値となり，全体として反応が進行すると理解できる．

38   1　分子の構造と反応

　以上では，標準状態という特別な状態におけるギブズエネルギー変化で反応の方向性を議論したが，一般には標準状態以外の濃度（圧力）での ΔG の値を知る必要がある．そのための手続を以下に示そう．

　まず，つぎの反応

$$a\mathrm{A} + b\mathrm{B} \quad \longrightarrow \quad x\mathrm{X} + y\mathrm{Y} \tag{1.12}$$

Box 1.5

熱力学的平衡定数と濃度平衡定数

　分子 A，B，X，Y の間に以下の平衡が成立している場合を考えよう．

$$a\mathrm{A} + b\mathrm{B} \;\rightleftharpoons\; x\mathrm{X} + y\mathrm{Y} \tag{B1.5-1}$$

この反応の平衡定数は活量という物理量を用いて表すことができる．活量とは物質の熱力学的性質を厳密に取り扱うために導入された概念で，たとえば分子 A の活量を a_A で表すと，これは A のモル濃度 $[\mathrm{A}]$ と，

$$a_\mathrm{A} = \frac{\gamma_\mathrm{A}[\mathrm{A}]}{c^\circ} \tag{B1.5-2}$$

の関係にある．γ_A は分子 A の活量係数（activity coefficient）といわれる無次元の数値で，c° は濃度の基準値（$c^\circ = 1\ \mathrm{mol\ L^{-1}}$）を示している．$\gamma_\mathrm{A}$ は理想溶液では 1 の値をとり，実在の溶液でも溶質の濃度が希薄になるにつれ 1 に近づく．活量を用いると平衡反応(B1.5-1) の平衡定数 K は，

$$K = \frac{a_\mathrm{X}{}^x a_\mathrm{Y}{}^y}{a_\mathrm{A}{}^a a_\mathrm{B}{}^b} \tag{B1.5-3}$$

と定義される．活量は物質濃度を c° で除しているために無次元の数値となる．したがって，平衡定数 K も無次元の物理量となる．また，この平衡定数は，とくに熱力学的平衡定数（thermodynamic equilibrium constant）といわれる．

　一方，平衡定数は濃度を用いて表されることもある．この場合の平衡定数 K_c は濃度平衡定数（concentration equilibrium constant）といわれ，

$$K_\mathrm{c} = \frac{[\mathrm{X}]^x[\mathrm{Y}]^y}{[\mathrm{A}]^a[\mathrm{B}]^b} \tag{B1.5-4}$$

における反応商（reaction quotient）Q を，

$$Q = \frac{[\mathrm{X}]^x[\mathrm{Y}]^y}{[\mathrm{A}]^a[\mathrm{B}]^b} \tag{1.13}$$

と定義しよう．ここで，［ ］はそれぞれの物質の濃度を表す（気体の場合は圧力）．反応(1.12) が任意の物質濃度で進行するときの ΔG は，この Q と気体定

で定義される．これは，式(B1.5-3) でそれぞれの活量係数を 1 とおいたものと数値は一致するが，K_c には，$a + b = x + y$ でない限り，濃度の単位が付随している．

平衡定数は，式(1.17) に示すようにギブズエネルギー変化から求められるものであり，このときには，熱力学的平衡定数をさしている．

一方，実際の系では濃度平衡定数が用いられることが多い．たとえば，金属イオンとタンパク質などが 1 : 1 で結合しているときは解離定数（dissociation constant）で結合の強さを示すことがある．すなわち，金属イオン M とタンパク質 Pro との反応において，

$$\mathrm{M} + \mathrm{Pro} \longrightarrow \mathrm{M}\cdot\mathrm{Pro} \tag{B1.5-5}$$

解離定数 K_d は，

$$K_d = \frac{[\mathrm{M}][\mathrm{Pro}]}{[\mathrm{M}\cdot\mathrm{Pro}]} \tag{B1.5-6}$$

で定義される濃度平衡定数である．それぞれの物質の濃度が $\mathrm{mol\ L^{-1}}$ で表されていると，K_d は濃度 $\mathrm{mol\ L^{-1}}$ の次元をもつ．式(B1.5-6) は，

$$\frac{K_d}{[\mathrm{M}]} = \frac{[\mathrm{Pro}]}{[\mathrm{M}\cdot\mathrm{Pro}]} \tag{B1.5-7}$$

と変形することができるため，[M] が K_d と等しいときには，タンパク質の半分が金属イオンと結合していると見積もることができる．この見積もりは金属イオンがタンパク質よりも過剰量あるときには，加えた金属イオンの全濃度を $[\mathrm{M}]_\mathrm{o}$ とすると，

$$[\mathrm{M}] = [\mathrm{M}]_\mathrm{o} - [\mathrm{M}\cdot\mathrm{Pro}] \approx [\mathrm{M}]_\mathrm{o}$$

の近似が使えるのでとくに実用的である．すなわち，このとき，K_d と同じ濃度になるように金属イオンを加えると，タンパク質の半分だけが金属イオンに結合した状態にすることができる．

40   1　分子の構造と反応

数 R を用いて，

$$\Delta G = \Delta G^\circ + RT \ln Q \tag{1.14}$$

で表されることが知られている．つまり，分子 A，B，X，Y の任意の濃度に対して Q の値が求まり，これからさらに ΔG の値を知ることができる．この ΔG の値が負のときには反応(1.12) は右側へ，逆に正のときは左側へ進行するといえる．

　ここで，A，B，X，Y のある濃度において，式(1.14) の ΔG の値がゼロのときを考えよう．これは，反応(1.13) は右向きにも左向きにも見掛け上進行しないこと，すなわち，平衡状態（equilibrium state）であることを意味している．このときの物質濃度を添え字 e をつけて示すと，平衡定数 K は，

$$K = \frac{[\text{X}]_e^x[\text{Y}]_e^y}{[\text{A}]_e^a[\text{B}]_e^b} \tag{1.15}$$

と与えられる．一方，平衡状態での Q は K に一致するので，式(1.14) から，

$$\Delta G^\circ = -RT \ln K \tag{1.16}$$

の関係式が得られる．これより平衡定数（equilibrium constant）は，

$$K = \exp\!\left(\frac{-\Delta G^\circ}{RT}\right) \tag{1.17}$$

で示される．ΔG° と RT はエネルギーの次元をもっているため，ΔG° を RT で除した値は無次元となり，それゆえ K は無次元の物理量となる（pp.38～39 のBox 1.5）．

1.4.3　反 応 速 度

　分子 A と分子 B からの分子 X と分子 Y の生成反応，

$$\text{A} + \text{B} \longrightarrow \text{X} + \text{Y} \tag{1.18}$$

を考えよう．ここではこの反応を素反応としよう．つまり分子 A と分子 B が衝突し，そのときのエネルギーがある程度大きいと活性錯合体（activated complex）AB‡ を形成することが可能となり，この遷移状態（transition state）を経ることで反応が進行するものとする．

　この反応過程におけるギブズエネルギーの変化を図 1.24 に示した．反応生成

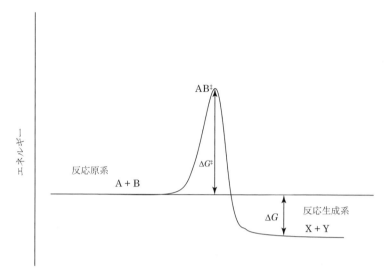

図 1.24 化学反応におけるギブスエネルギーの変化. 反応原系からエネルギー障壁を越えることで反応生成系に至る.

系は反応原系よりも ΔG だけエネルギーが低い. 遷移状態は活性錯合体 $AB^{\ddagger}$ の形成に対応し，反応

$$A + B \longrightarrow AB^{\ddagger} \tag{1.19}$$

におけるギブズエネルギー変化が $\Delta G^{\ddagger}$ になることを示している. つまり，ΔG が負のときでも反応が必ずしも進行しないのは，このエネルギー障壁 $\Delta G^{\ddagger}$ の存在が原因となっている. この活性化ギブスエネルギー $\Delta G^{\ddagger}$ は，活性化エンタルピー $\Delta H^{\ddagger}$ と活性化エントロピー $\Delta S^{\ddagger}$ を用いて，

$$\Delta G^{\ddagger} = \Delta H^{\ddagger} - T\Delta S^{\ddagger} \tag{1.20}$$

で示される. $\Delta G^{\ddagger}$ がより小さいときにはエネルギー障壁が低くなり，反応が進行しやすくなる. このためには活性複合体が安定（$\Delta H^{\ddagger}$ が小さい）で自由度の大きい構造（$\Delta S^{\ddagger}$ が大きい）をとることが必要となる.

2

金属錯体の化学

　酸素分圧の高い地表近くの土壌では，鉄は三価の酸化状態をとるため $Fe(OH)_3$（あるいは Fe_2O_3）として不溶化する．アルカリ性の土壌ではこの不溶化が加速するので，植物は鉄欠乏を呈し生育が阻害される．一方，このような状況においてもイネ科植物は正常な生育が保たれている．これはイネ科植物がムギネ酸（mugineic acid）といわれる物質を根から分泌するためである．ムギネ酸は鉄(III) と結合することで鉄を可溶化し，植物に供給している．

　d ブロック元素に分類される金属イオンは，生物内でさまざまな分子やイオンと結合している．たんに水に溶解している場合でも，水分子と結合している．このような金属イオン複合体は，金属錯体，あるいは錯体とよばれる．また，金属イオンと結合している分子やイオンは配位子（ligand）という．配位子には，ムギネ酸のような低分子化合物からタンパク質などの高分子化合物まで多種多様の物質がなり得る．金属錯体の物理化学的特性は，金属イオン自身がもつ特性のほかに，配位子の種類や空間的配置といった配位環境を反映している．したがって，金属錯体の果たす生理機能を解釈するには，その構造の理解が必須となる．原子間の結合理論については前章で述べたが，金属錯体のように d 電子がかかわってくる場合にはそれとは異なる取り扱いが必要になる．本章では金属錯体の形成理論を紹介し，配位環境が金属錯体の物理化学的特性に及ぼす影響について述べよう．

2.1 配位結合

金属錯体では，金属イオンと配位子が配位結合（coordinate bond）といわれる結合様式で結びついている．配位結合と共有結合（covalent bond）には本質的な差異は存在しない．しかし，電子の授受を形式的にみると，共有結合では結合を形成する原子おのおのからの電子により共有電子対が形成されるのに対し，配位結合では片方の原子だけが電子対を供与するという違いがある．たとえば，$[Co(NH_3)_6]^{3+}$錯体では，アンモニア（NH_3）のN原子の非共有電子対がCo^{III}に供与されることで結合が形成される．このように金属錯体では配位子の電子対を金属イオンが受け取ることで結合が形成されるので，電子対の供与と受容を明確にするためには結合を矢印で示す（図 2.1(a)）．ここで，結合を共有結合として直線で結ぶと，NH_3のN原子には+1の形式電荷が必要になる（図(b)）．同様に，Cd^{II}にチオラート（S^-基）が解離して配位している場合は，配位結合とみなすときにはS原子に-1の形式電荷があり（図(c)），共有結合とみるときは形式電荷は存在しない（図(d)）．

配位子のなかで金属と直接結合している原子を配位原子という．配位原子には，通常，非共有電子対が存在している．この配位原子の個数を用いて，配位子を分類することができる．図 2.2 にその例を示す．配位原子が1個の配位子は単

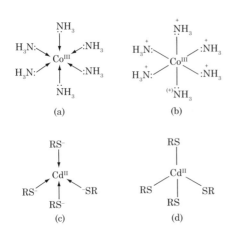

図 2.1 アンモニアのCo^{III}への配位（(a)，(b)）とアルキルチオラートのCd^{II}への配位（(c)，(d)）.

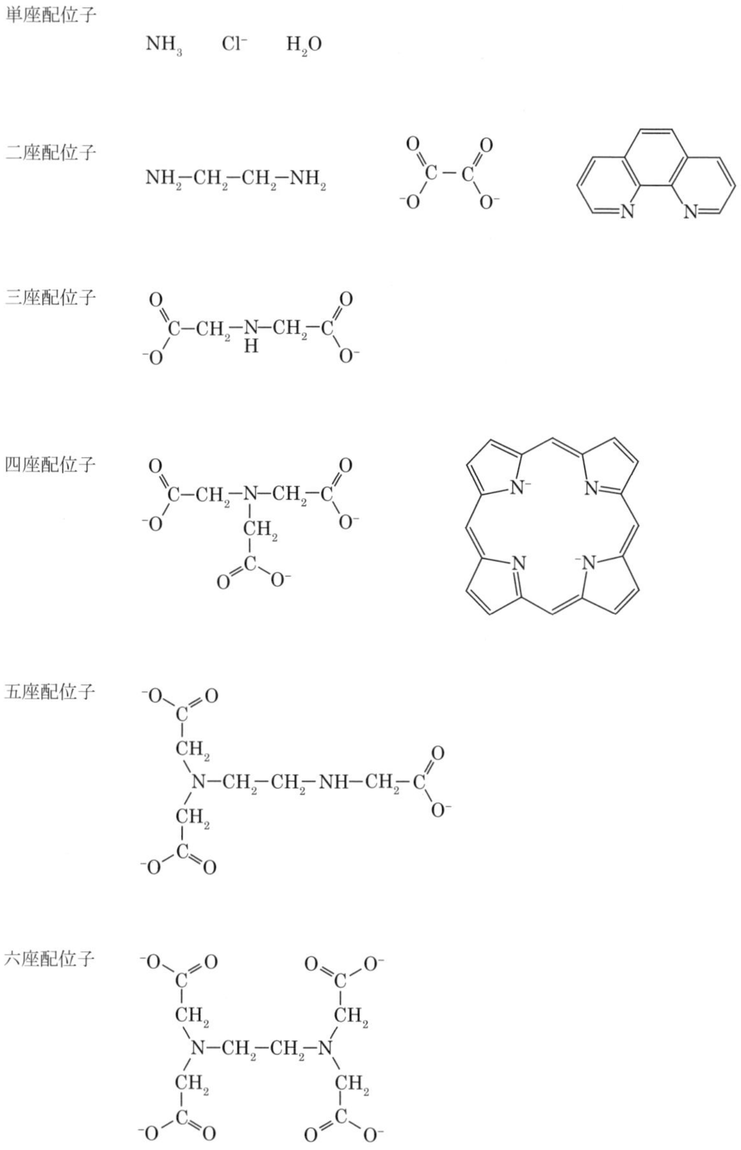

2.1 配位結合　45

単座配位子

NH_3　Cl^-　H_2O

二座配位子

$NH_2-CH_2-CH_2-NH_2$

三座配位子

四座配位子

五座配位子

六座配位子

図 2.2 代表的な配位子の構造.

座配位子 (monodentate ligand) という．配位原子を2個もっている配位子は二座配位子，さらに配位原子が3, 4, 5, 6個の配位子をそれぞれ三,四,五,六座配位子などのようにいう．また，複数の配位原子をもつ配位子はまとめて多座配位子 (multidentate ligand) という．

金属イオン側からみると，その周りには複数の配位原子が存在している．この配位原子の数が配位数であり，配位数が4のときには四配位錯体，6のときには六配位錯体となる．

配位子は複数の金属イオンと結合することができる．単座配位子のCl⁻やH₂OのO原子は複数の非共有電子対をもつので図2.3に示したように複数の金属イオンと結合することがある（図(a)）．この構造は，金属イオン同士を同一錯体中で結びつけているので架橋構造といわれる．このような架橋構造は異なる配位原子によっても生じる．たとえば，チオシアン酸イオンはS原子とN原子に非共有電子対をもち，それぞれが金属と結合を形成することができる（図(b)）．このように金属イオンが複数個含まれる錯体を多核錯体 (polynuclear complex) という．

エチレンジアミン (ethylenediamine, en) では二つのN原子が配位原子となるので二座配位子となる．このとき，単一の金属イオンに二つのN原子が配位すると，金属イオンを含めた結合の環ができる（図2.4(a)）．このようにして生じた環をキレート環 (chelate ring) といい，結合をキレート結合 (chelate bond) という．錯体のなかのキレート環の数は一つとは限らず，エチレンジアミン四酢酸 (ethylenediaminetetraacetic acid, edta) 錯体のように複数のキ

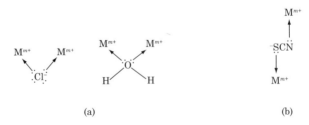

図 2.3 架橋した錯体．
　　同一の配位原子が架橋 (a) と別の配位原子が架橋 (b)．
　　チオシアン酸イオンはS原子に−1の形式電荷がある極限構造式で示している．

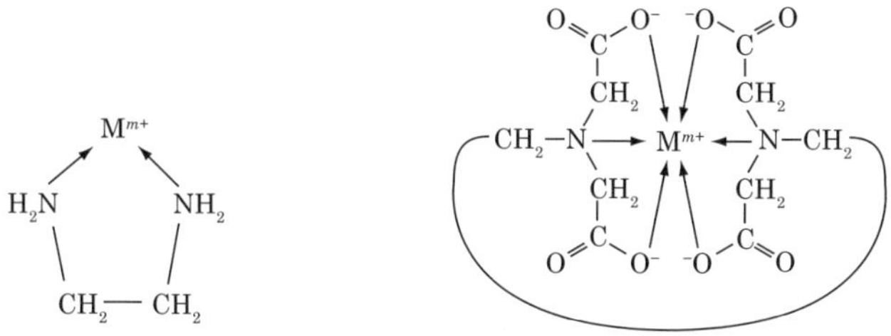

2.1 配位結合　47

(a)

(b)

図 2.4 キレート化合物.
エチレンジアミン (a) と edta (b) によるキレート化合物.

レート環をもつものもある（図 2.4(b)）．キレート環は五員環や六員環が安定であるが，四員環，七員環，八員環などもみられる．

　生物体には，図 2.5 に示したように配位子となる分子が数多く存在する．たとえば有機酸はカルボキシ基を有しており，このなかの O が配位原子となる（図(a)）．アミノ酸にはアミノ基とカルボキシ基があり，それぞれの N 原子とカルボキシ基の O 原子を通して金属イオンと錯体を形成する（図(b)）．タンパク質では，システイン残基やメチオニン残基の S 原子（図(c) と (d)），ヒスチジン残基のイミダゾールの N 原子などが配位原子となる（図(e)）．

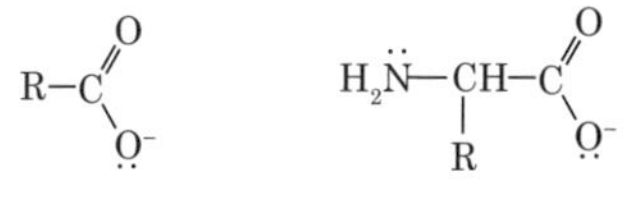

(a)

(b)

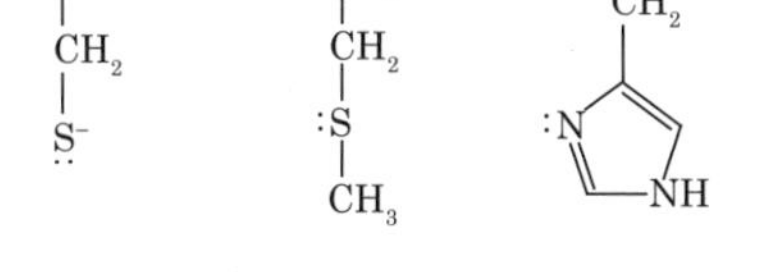

(c)

(d)

(e)

図 2.5 配位子となる代表的な生体分子.

2.2 金属錯体の構造と物性

2.2.1 金属イオンの電子配置

金属錯体の構造と物性の説明に，結晶場理論（crystal-field theory）と配位子場理論（ligand-field theory）が用いられる．これらの理論を理解するためには錯体中の金属原子あるいはイオンの電子配置をあらかじめ知っておく必要がある．

自由原子の電子配置はすでに述べたが，錯体中の金属原子あるいはイオンはこれとは多少異なった電子配置をとっている．たとえば，第四周期のdブロック元素では，電子は3d軌道が満たされたあとに4s軌道に収容される（表2.1の酸化数0の行）．イオンでは，この原子の電子配置から酸化数に相当する数の電子を4s，3dの軌道の順に取り除けばよい．

表 2.1 錯体中におけるdブロック元素の原子とイオンの電子配置

酸化数	属									
	3	4	5	6	7	8	9	10	11	12
	Sc	Ti	V	Cr	Mn	Fe	Co	Ni	Cu	Zn
0	$3d^3$	$3d^4$	$3d^5$	$3d^6$	$3d^7$	$3d^8$	$3d^9$	$3d^{10}$	$4s^1 3d^{10}$	$4s^2 3d^{10}$
1	$3d^2$	$3d^3$	$3d^4$	$3d^5$	$3d^6$	$3d^7$	$3d^8$	$3d^9$	$3d^{10}$	$4s^1 3d^{10}$
2	$3d^1$	$3d^2$	$3d^3$	$3d^4$	$3d^5$	$3d^6$	$3d^7$	$3d^8$	$3d^9$	$3d^{10}$
3	$3d^0$	$3d^1$	$3d^2$	$3d^3$	$3d^4$	$3d^5$	$3d^6$	$3d^7$	$3d^8$	$3d^9$

2.2.2 結 晶 場 理 論

結晶場理論では配位子を負の点電荷と仮定する．電荷をもたない配位子でも，結合にかかわる非共有電子対の負電荷を点電荷とみなす．この負電荷から生じる電場は中心イオンに作用する．とくに，d軌道は原子核から離れたところに分布している割合が大きいため，顕著な影響を受ける．この影響の大きさは静電的相互作用により生じるポテンシャルエネルギーから見積もることができる．つまり，d軌道に収容された電子は近くに存在する配位子の負電荷との反発によりポ

テンシャルエネルギーが増加する．これはこの電子を収容している軌道のエネルギーそのものが上昇したことを意味している．このような配位子の負電荷による効果はそれぞれのd軌道で必ずしも等しくないため，この摂動によりd軌道の縮退が解けてくる．結晶場理論は，このようにして生じるd軌道のエネルギー準位の分裂から錯体の物理化学的性質を説明するものである．ここでは周期表の第四周期のdブロック元素の錯体について考えよう．

a. 球対称場におけるd軌道のエネルギー準位

中心イオンが図2.6のように座標系の原点に存在しているものとする．このさいに考慮すべきd軌道は3d軌道で，これには$3d_{xy}$, $3d_{yz}$, $3d_{zx}$, $3d_{x^2-y^2}$, $3d_{z^2}$の五つの軌道がある．これらの3d軌道は異なる空間分布を示すが，結晶場が存在していないときにはエネルギーがすべて等しく，五重に縮退している（図(a)）．ここで，原点を中心とした球面を考え，その上に負電荷が均一に分布しているものとしよう．$3d_{xy}$軌道に注目すると，そのなかに収容されている電子

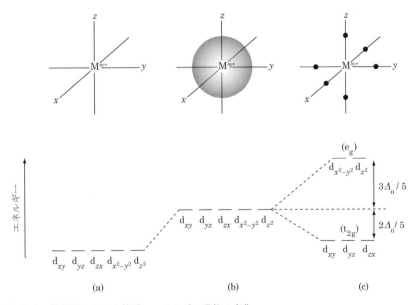

図 2.6 結晶場によるd軌道のエネルギー準位の変化．
金属イオンのd軌道のエネルギー準位（a），球対称場における金属イオンのエネルギー準位（b）と正八面体場における金属イオンのエネルギー準位（c）．

50   2　金属錯体の化学

は近くに存在する負電荷の影響を受けポテンシャルエネルギーが上昇してくる．ほかの 3 d 軌道も同様の理由でエネルギーが上昇するが，球対称場ではその効果がすべて等しいため，3 d 軌道は五重に縮退したままになっている（図 2.6(b)）.

b.　正八面体型錯体

　正八面体型（octahedral）錯体では金属イオンに 6 個の配位子が等価な結合を形成する．この錯体では，それぞれの配位子の負電荷が座標軸上の原点から等距離の位置に存在するものとみることができる（図(c)）.　このような 6 個の点電荷による場を正八面体場という．ここでは，この場におかれた金属イオンの 3 d 軌道のエネルギー準位について考えよう.

　3 d 軌道は座標軸に関する分布から二つのグループに分けることができる．一つは座標軸に沿って分布する軌道で，これには $3 d_{x^2-y^2}$ と $3 d_{z^2}$ の二つの軌道が相当する．もう一方は座標軸の間に広がる軌道で，$3 d_{xy}$，$3 d_{yz}$，$3 d_{zx}$ の三つの軌道がこれに相当する．対称性から前者の軌道は e_g 軌道といわれ，後者は t_{2g} 軌道といわれる．金属イオンが正八面体場のなかに存在すると，その 3 d 軌道が配位子から受ける影響は e_g 軌道と t_{2g} 軌道とでは異なってくる．これは，正八面体場では負電荷が座標軸に集中しているため，配位子の負電荷による影響が軸方向に分布する軌道では強く，軸間に分布する軌道では弱いことで生じる．具体的にそれぞれの軌道をみていくと，$3 d_{x^2-y^2}$ 軌道は座標軸方向に分布しているため，正八面体場におかれると球対称場のときよりもポテンシャルエネルギーが増加する．同様の理由で $3 d_{z^2}$ 軌道もエネルギーが上昇していく．このエネルギー上昇の度合いが等しいため，$3 d_{x^2-y^2}$ と $3 d_{z^2}$ 軌道は縮退したままエネルギーが上昇する（図(c)）.　一方，$3 d_{xy}$ 軌道は x 軸と y 軸の間に分布しているため，球対称場のときよりも負電荷による影響が小さくなり，エネルギーが低くなる．同様の理由で，$3 d_{yz}$ 軌道と $3 d_{zx}$ 軌道のエネルギーも低下していく．この効果は三つの軌道で等しいので，エネルギーの低下はすべて同じになる．この結果，正八面体場におかれると，d 軌道のエネルギー準位は二重に縮退した e_g 軌道と三重に縮退した t_{2g} 軌道に分裂する．このようにしてエネルギー準位が分かれていくのを結晶場分裂（crystal-field splitting）という．また，生じた e_g 軌道と t_{2g} 軌道のエネルギーの差は結晶場分裂エネルギー Δ_o といわれる（添え字の o は八面体場を示す）.　これを用いると，e_g 軌道は球対称場のときよりもエネルギーが $3\Delta_o/5$ 上

昇し，t_{2g} 軌道は $2\Delta_0/5$ 減少する．なお，縮退が解けた，五つの d 軌道のエネルギー準位の重心は球対称場でのエネルギー準位に等しくなる（図 2.6(c)）．これは，球対称場のときに存在していた球面上の負電荷がそれぞれの座標軸上に凝縮していったと考えると理解できるだろう．

図 2.7 に金属イオンの 3d 軌道への電子の配置を示した．3d 電子は系のエネルギーをもっとも低くするように 3d 軌道に収容される．そのため金属イオンが 3d 電子を 1 個もつときには，t_{2g} 軌道のなかの一つに電子が収容される．3d 電子を 2 個もつときは t_{2g} 軌道の二つの軌道に，また 3d 電子を 3 個もつときは t_{2g} 軌道の三つの軌道にべつべつに電子が入っていく．フントの規則から各電子の電子スピンはすべて同一方向を向いている．

金属イオンが 3d 電子を 4 個もつときには二つの可能性が生じてくる．これは，t_{2g} 軌道と e_g 軌道のエネルギー差が比較的小さいことがその原因である．すなわ

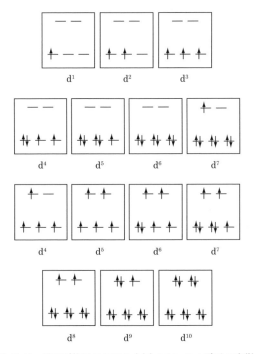

図 2.7 正八面体場における金属イオンの d 電子の充填．

ち，一つの方法としてすべての電子を t_{2g} 軌道に収容することがある（図 2.7）．この場合には，一つの t_{2g} 軌道に電子 2 個が電子スピンを互いに逆方向に収容され，残りの t_{2g} 軌道に電子が 1 個ずつ電子スピンの向きをそろえて収容される．別の方法として，t_{2g} 軌道に 3 個，e_g 軌道に 1 個の電子配置が考えられる．この場合は電子 4 個の電子スピンはすべて同一の方向を向いている．全スピン数は，前者では $1/2 \times 2 = 1$ となるのに対して，後者では $1/2 \times 4 = 2$ で，後者のほうが全スピン数は大きい．このように全スピン数が多い電子配置をもつ錯体を高スピン錯体（high-spin complex），少ない電子配置をもつ錯体を低スピン錯体（low-spin complex）という．同様に d^5 から d^7 の金属イオンの錯体では，低スピン型と高スピン型の両方が存在している．d^8 から d^{10} の金属イオンになると，電子の収容の仕方は一通りに限られる．

電子が t_{2g} 軌道に収容されると球対称場のときよりも $2\Delta_o/5$ だけ安定になるが，e_g 軌道に収容されると $3\Delta_o/5$ だけ不安定になる．したがって，t_{2g} 軌道と e_g 軌道に収容されている電子の数がそれぞれ $n(t_{2g})$ と $n(e_g)$ のとき，球対称場のときと比べて，

$$E_{cfse} = 2\,n(t_{2g})\Delta_o/5 - 3\,n(e_g)\Delta_o/5 \qquad (2.1)$$

の安定化が得られる．このエネルギー E_{cfse} は結晶場安定化エネルギー（crystal-field stabilization energy）といわれる．

同一の金属イオンによる錯体でも配位子の種類が異なると低スピン型になったり，高スピン型になったりする．どちらのスピン型をとるのかはエネルギーの安定化の程度に依存する．3d 電子を 4 個もっている金属イオンを例にとってみよう．低スピン錯体では，電子 4 個が t_{2g} 軌道に収容されているので $2\Delta_o/5 \times 4 = 8\Delta_o/5$ の結晶場安定化エネルギーとなるが，同一の軌道に 2 個の電子が入る必要があるため静電的反発によるエネルギーの不安定化が生じる．このエネルギーはスピン対形成エネルギー（spin-pairing energy）P といわれ，これを用いると正味の安定化エネルギーは $(8/5\Delta_o - P)$ と求まる．一方，高スピン型では，すべての電子がべつべつの軌道に収容されているためスピン対生成エネルギーによる不安定化が生じないので，$2\Delta_o/5 \times 3 - 3\Delta_o/5 = 3\Delta_o/5$ の安定化となる．両者を比較すると，Δ_o が P よりも大きいときには，$(8/5\Delta_o - P) < 3\Delta_o/5$ とな

るために低スピン錯体のほうが安定になる。逆に，Δ_o が P よりも小さいときには，$(8/5\Delta_o - P) > 3\Delta_o/5$ となるために高スピン錯体が安定になる。同様の計算から，d^5 から d^7 の金属イオンでも，Δ_o がスピン対形成エネルギーよりも大きいときには低スピン型，小さいときには高スピン型の錯体が安定となる。

c. ヤーン-テラー効果と平面正方形型錯体

正八面体型錯体の z 軸上の二つの配位子が中心イオンから遠ざかり，x 軸と y 軸上の配位子が近づいてくる場合を考えよう。このとき，z 軸方向に成分をもつ 3d 軌道（$3d_{z^2}$, $3d_{yz}$, $3d_{zx}$）は，配位子の負電荷が遠ざかるためにエネルギーが低下する。一方，z 軸方向に成分をもたない軌道（$3d_{x^2-y^2}$, $3d_{xy}$）は x 軸と y 軸にある配位子が近づいてくるためにエネルギーが上昇する。この配位子の移動では，エネルギー準位の重心の位置は変化しないものとする。この結果，$3d_{z^2}$ 軌道と $3d_{x^2-y^2}$ 軌道との縮退が解け，両者の間にはエネルギー差 δ が生じる。同様に，$3d_{xy}$, $3d_{yz}$, $3d_{zx}$ の軌道間の縮退も一部解けたものになる（図 2.8(a)）。

このようなひずみを生じることで錯体が安定化することをヤーン-テラー効果 (Jahn-Teller effect) という。よく知られている例として，水溶液中での Cu^{II} アンミン錯体があげられる。この錯体は $[Cu(NH_3)_4]^{2+}$ の平面正方形型の配位構造で表されるが，実際にはこの平面の中心を通る垂線上の遠く離れた位置に H_2O が結合している（図(b)）。つまり，正八面体型錯体の z 軸上の配位子が遠

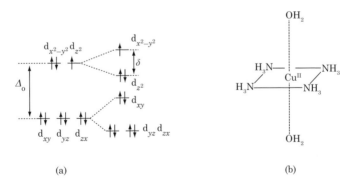

図 2.8 正八面体場が z 軸方向に伸長したときのヤーン-テラー効果．d 軌道のエネルギー準位の変化と Cu^{II} アンミン錯体の電子配置 (a) および Cu^{II} アンミン錯体の構造 (b)．

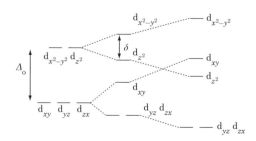

図 2.9 正方形型の配位形式による d 軌道のエネルギー準位.
図 2.8 での z 軸方向の配位子が取り除かれたときの電子配置（右側）.

く離れた構造をとっている．この理由を理解するために，正八面体型錯体とこれがひずんだ場合とのエネルギーを比較してみよう．Cu^{II} は 3d 電子を 9 個もつので，この電子をそれぞれの 3d 軌道に収容すると，図 2.8(a) に示す電子配置が得られる．この電子配置のエネルギー準位からわかるように，ひずみを生じると $3d_{x^2-y^2}$ 軌道はエネルギーが $\delta/2$ 上昇するが，$3d_{z^2}$ 軌道は $\delta/2$ だけ減少する．$3d_{z^2}$ 軌道に 2 個，$3d_{x^2-y^2}$ 軌道に 1 個の電子が収容されるため，正八面体場のときよりも合計で $\delta/2$ の安定化が生じる．このため $[Cu(NH_3)_4]^{2+}$ は正八面体がひずんだ構造をとっているものと理解される．このようなエネルギーの安定化は z 軸方向にある配位子が近づいてひずんだ構造でも生じる．

z 軸方向の配位子が上下方向に離れ，最終的にとれてしまうと平面正方形型 (square planar) 錯体となる．このときには $3d_{x^2-y^2}$ 軌道と $3d_{xy}$ 軌道のエネルギー準位がさらに上昇し，その結果エネルギー準位は $3d_{yz} = 3d_{zx} < 3d_{z^2} < 3d_{xy} \ll 3d_{x^2-y^2}$ の順となる（図 2.9）．$3d_{x^2-y^2}$ 軌道のエネルギー準位が突出して高いため，この軌道が空位になっている d^8 のイオン（Ni^{II}, Pt^{II}, Au^{II}）では平面正方形構造をとる傾向にある．

d. **正四面体型錯体**

正四面体型 (tetrahedral) 錯体では立方体の頂点に互い違いに配位子が位置した正四面体場と考える（図 2.10）．この配位子の負電荷と 3d 軌道との重なりは，軸方向に分布する d 軌道では小さく，軸間に分布する 3d 軌道では大きい．その結果，正八面体型錯体のときとは逆に d_{xy}, d_{yz}, d_{zx} の軌道のエネルギー準位が上昇し，$3d_{x^2-y^2}$, $3d_{z^2}$ の軌道のエネルギー準位が低下する．この場合の結

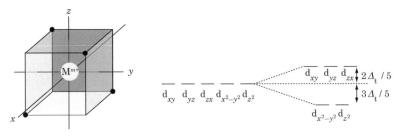

図 2.10 正四面体場での金属イオンと配位子から形成された分子軌道のエネルギー準位.

晶場分裂 Δ_t は，配位子の負電荷と 3d 軌道との重なりの程度が小さいため Δ_o よりもかなり小さい．したがって，四面体型錯体はすべて高スピン型となる．

2.2.3 配位子場理論

配位子場理論では分子軌道法を用いて錯体の結合を理解する．配位子には金属イオンと結合を形成する非共有電子対があり，この電子対は配位子の分子軌道に収容されている．この分子軌道の一次結合から群軌道（group orbital）を新たにつくることができ，この群軌道が金属イオンの原子軌道との間で分子軌道を形成する．単一の配位子と金属イオン間の相互作用で生じる軌道ではなく，分子全体に広がった分子軌道を考えることになる．群軌道をつくるには多くの組合せが可能であるが，そのなかで中心金属イオンの原子軌道と同一の対称性を有するような組合せが選ばれる．これは，軌道が相互作用を行い，分子軌道を形成するには，両方の軌道の対称性が等しい必要があるからである．ここでは正八面体型錯体について説明しよう．

a. σ結合

配位子軌道を配位子が存在している座標軸を用いて表そう．たとえば，正八面体型錯体で x 軸の正の位置に存在している配位子の非共有電子対が収容されている軌道は ϕ_{+x}，z 軸の負の位置では ϕ_{-z} のように表す．正八面体場では 6 個の配位子が中心金属から等距離 d の位置に存在している．このため，ϕ_{+x} は座標 $(d, 0, 0)$ の近くで正の値をとり，そのほかの領域ではゼロとなる（図 2.11 (a)）．同様に，ϕ_{-z} は座標 $(0, 0, -d)$ の近くで正の値をとり，そのほかの領

域ではゼロとなる．これらの配位子軌道の一次結合を行うと，たとえば，

$$\varphi = \phi_{+x} + \phi_{-x} - \phi_{+z} \tag{2.2}$$

で示す群軌道 φ が得られる．この群軌道は，図 2.11(b) に示すように $x = d$ と $-d$ の近くで正の値をとり，$z = d$ の近くでは負の値となる．また，これ以外の領域ではゼロとなる．

錯体を形成する金属イオンを第四周期の d ブロック元素とすると，このイオ

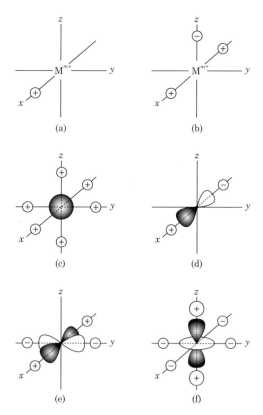

図 2.11 配位子場理論による錯体の結合形成．
x 軸上に存在する配位子の分子軌道 (a)，群軌道 φ ($= \phi_{+x} + \phi_{-x} - \phi_{+z}$) の値 (b)，金属イオンの 4s 軌道と配位子の群軌道の相互作用 (c)，金属イオンの $4p_y$ 軌道と配位子の群軌道の相互作用 (d)，金属イオンの $3d_{x^2-y^2}$ 軌道と配位子の群軌道の相互作用 (e) および金属イオンの $3d_{z^2}$ 軌道と配位子の群軌道の相互作用 (f)．

2.2 金属錯体の構造と物性　57

ンの最外殻に存在する 4 s, 4 p, 3 d の三つの軌道が結合にかかわってくる．前述したように，群軌道のなかで中心金属の原子軌道と対称性が合うものだけが錯体の形成に関与してくる．この観点から眺めると，式 (2.2) で示した φ はいずれの原子軌道とも対称性が合致せず，分子軌道の形成にはかかわってこない．金属イオンの原子軌道と対称性が一致する群軌道の組合せを表 2.2 に示した．これらから形成される錯体の分子軌道も同時に示す．これらは，以下のようにまとめることができる．

（1）　φ_1 は 6 個の配位子軌道の和からつくられるもので，図 2.11(c) に示すように 4 s 軌道と対称性が一致する．この相互作用で得られる錯体の分子軌道は σ 軌道となり，4 s 軌道が関与しているので，ここでは結合性軌道を σ_s，反結合性軌道を $\sigma_s{}^*$ で示す．

（2）　φ_2 は x 軸上にある二つの軌道の差からつくられるもので，$4\,p_x$ 軌道との間で分子軌道を形成する（図 (d)）．同様に，φ_3 と φ_4 はそれぞれ $4\,p_y$ と $4\,p_z$ の軌道との間で分子軌道をつくる．この分子軌道も σ 軌道となり，4 p 軌道が関与しているので結合性軌道と反結合性軌道をそれぞれ σ_p と $\sigma_p{}^*$ で示す．なお，σ_p，$\sigma_p{}^*$ 軌道とも 3 種類の軌道（$4\,p_x$，$4\,p_y$，$4\,p_z$ との相互作用で生じるもの）が存在するため三重に縮退している．

（3）　φ_5 と φ_6 もそれぞれ図 (e) と図 (f) に示すような相互作用を行い，$d_{x^2-y^2}$ 軌道と d_{z^2} 軌道の間で分子軌道をつくる．この場合も，σ 軌道が形成され，それぞれが二重に縮退した σ_d 軌道と $\sigma_d{}^*$ 軌道を生じる．σ_d

表 2.2　金属イオンの原子軌道と相互作用を行う配位子の群軌道 [a]

金属の原子軌道	配位子の群軌道	錯体の分子軌道
4 s	$\varphi_1 = \phi_{+x} + \phi_{-x} + \phi_{+y} + \phi_{-y} + \phi_{+z} + \phi_{-z}$	$\sigma_s,\ \sigma_s{}^*$
$4\,p_x$	$\varphi_2 = \phi_{+x} - \phi_{-x}$	
$4\,p_y$	$\varphi_3 = \phi_{+y} - \phi_{-y}$	$\sigma_p,\ \sigma_p{}^*$
$4\,p_z$	$\varphi_4 = \phi_{+z} - \phi_{-z}$	
$3\,d_{x^2-y^2}$	$\varphi_5 = \phi_{+x} + \phi_{-x} - \phi_{+y} - \phi_{-y}$	$\sigma_d(e_g),\ \sigma_d{}^*(e_g{}^*)$
$3\,d_{z^2}$	$\varphi_6 = 2\phi_{+z} + 2\phi_{-z} - \phi_{+x} - \phi_{-x} - \phi_{+y} - \phi_{-y}$	

[a]　規格化因子は省略している．

軌道と$\sigma_d{}^*$軌道はe_g軌道と$e_g{}^*$軌道ともいう．

（4） 以上に示したように，軸方向に分布している（軸に対して回転対称）の金属イオンの原子軌道は，同じく軸方向に分布している配位子の群軌道と相互作用を行い，結合性あるいは反結合性のσ軌道を形成する．一方，t_{2g}軌道（d_{xy}, d_{yz}, d_{zx}）は座標軸の間の領域に分布しており，配位子の群軌道とは対称性が異なるため相互作用を行うことができない．このため，非結合性軌道t_{2g}として残る．

錯体の分子軌道のエネルギー準位を図2.12に示した．結合性軌道はエネルギーが低く，$\sigma_s < \sigma_p < \sigma_d$の順に高くなる．反結合性軌道はエネルギーが高く，$\sigma_d{}^* < \sigma_s{}^* < \sigma_p{}^*$の順となる．金属イオンの$t_{2g}$軌道は非結合性軌道であるためエネルギーはもとのままである．これらの分子軌道に収容する電子の個数を数えてみよう．金属イオンでは，3d軌道に$n(0 \leq n \leq 10)$個の電子が入っているだけで，4s軌道と4p軌道には電子が存在しない．また，配位子軌道は6個あり，

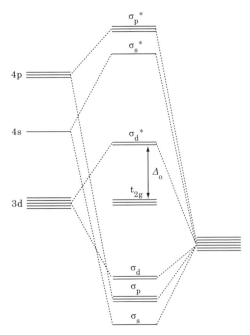

図 2.12 錯体の分子軌道のエネルギー準位．

それぞれに2個の電子が収容されているから,配位子からの電子は12個である.したがって,総数 $(n+12)$ 個の電子をエネルギーの低い軌道から順に入れていくことになる.まず,結合性軌道は全部で6個あるので,ここに12個の電子が収容される.つぎに電子が入っていくのは t_{2g} 軌道であるが,この軌道とそのすぐ上にある σ_d^* 軌道とのエネルギー差が小さいために,この差と n の値によって電子の入り方が異なる.これはエネルギー差を Δ_0 とすると,結晶場理論のときとまったく同様の状況となる.すなわち,n が1〜3の場合には電子はすべて t_{2g} 軌道に同じスピンの向きで収容される.n が4の場合には,Δ_0 が大きいと4個の電子が t_{2g} 軌道に収容されるため低スピン錯体となる.一方,Δ_0 が小さいときは4個目の電子は σ_d^* 軌道に収容され,このときすべての電子スピンが同一の方向で収容されているため高スピン錯体となる.

b. π結合

配位子には,金属–配位子間の結合軸を通る平面を節とする軌道をもつものがある.ハロゲン化物イオンの p_x 軌道(図 2.13(a))や CN^- の π^* 軌道(図(b))がその例にあげられる.これらの軌道はπ対称性を有しており,同様のπ対称性を有する金属イオンの d_{xy} 軌道と相互作用を行う.新たに形成された分子軌道はπ対称性をもつ.

配位子のπ軌道に電子2個が収容され,π^* 軌道が空の場合を例にしよう.t_{2g} 軌道には電子1個が収容されているものとする.軌道間の相互作用は,エネルギー準位が近い軌道間で生じるため,π^* 軌道のエネルギーが高いと t_{2g} 軌道はπ軌道との間で分子軌道を形成する(図 2.14(a)).生じた分子軌道では,結合性軌道に電子が2個,反結合性軌道に電子が1個収容される.このことから,この相互作用が存在すると配位子場分裂エネルギー Δ_0' が,相互作用がないときの配位子場分裂エネルギー Δ_0 よりも小さくなることが理解できる(図(a)).逆に,

図 2.13 金属イオンの t_{2g} 軌道と配位子のπ対称性軌道との相互作用.
Cl^- の p_x 軌道との相互作用 (a) および CN^- の π^* 軌道との相互作用 (b).

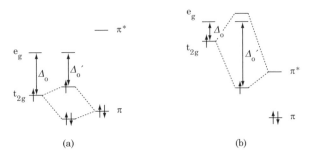

図 2.14 金属イオンの t_{2g} 軌道と配位子の π 対称性軌道との相互作用によるエネルギー準位の変化.
配位子の分子軌道のエネルギーが高いとき (a) と配位子の分子軌道のエネルギーが低いとき (b).

配位子の π 軌道のエネルギーが低いと t_{2g} 軌道は π^* 軌道と相互作用を行う（図 2.14(b)）. このとき, 新たに生じた結合性軌道に電子 1 個が収容される（図 (b)）. つまり, 相互作用があることで配位子場分裂エネルギーは大きくなる. また, このような t_{2g} 軌道と π^* 軌道の相互作用では, 金属イオンの d 電子が結合に供与されているため, 逆供与（back donation）とよばれる.

2.3 金属錯体の反応

2.3.1 生 成 定 数

二価金属イオン M^{II} と配位子 L^- による錯体 ML^+ の生成を考えてみよう. L^- は HL の共役塩基で, HL は弱酸としよう. そうすると, HL はほとんどが解離しないため, 錯体の生成は,

$$M^{II} + HL \rightleftharpoons ML^+ + H^+ \qquad K = \frac{[ML^+][H^+]}{[M^{II}][HL]} \qquad (2.3)$$

の平衡反応で示すことができる. ここで, 平衡定数を K とした. この反応は, ルシャトリエの法則から H^+ の濃度が低くなると平衡は右側に移動すると予想される. すなわち, M^{II} の水酸化物の生成が無視できる領域では, 錯体の形成は pH が高いほど有利になることがわかる. これはまた, L^- との結合において H^+ と M^{II} が競合しているからと考えることもできる. また, このような競合反応が

あるために，平衡定数 K では金属と配位子との間の親和性を定量的に表すことができない．

ここで，錯体を構成している金属イオンと配位子そのものから錯体を生成する反応だけを考えてみよう．ML^+ の場合は，錯体が M^{II} と L^- で構成されているので，

$$M^{II} + L^- \rightleftharpoons ML^+ \qquad K_f = \frac{[ML^+]}{[M^{II}][L^-]} \qquad (2.4)$$

となる．この反応の平衡定数 K_f は錯体の生成定数（formation constant）とよばれている．あるいは，安定度定数（stability constant）ともいわれる．反応 (2.4) は，実際の錯体の生成反応(2.3) から錯体の生成の部分だけを抽出したものであり，その意味において仮想的な反応といえる．しかし，生成定数は H^+ との競合を取り除いたものであり，配位子の金属イオンに対する親和性だけを定量的に示したものと考えることができる．

HL の酸解離定数を K_a とすると，酸解離平衡は，

$$HL \rightleftharpoons H^+ + L^- \qquad K_a = \frac{[H^+][L^-]}{[HL]} \qquad (2.5)$$

で示される．したがって，式(2.3) の K は，K_f と K_a とを用いて，

$$K = K_f \times K_a \qquad (2.6)$$

となる．一般に，生成定数の大きな錯体ほど生成されやすいと考えられがちであるが，これは必ずしも正しくない．式(2.6) から，生成定数が等しいときでも，HL の酸解離定数が大きいときには K の値も大きく，錯体がより多く生成することがわかる．つまり，HL が解離して L^- の濃度が高くなるため，錯体が生成しやすくなるといえる．

強酸の共役塩基が配位子となる金属錯体では，取り扱いが簡単になる．このとき，酸は完全に電離しているために錯体の生成は反応(2.4) で示すことができる．つまり，M^{II} は H^+ と競合しないので錯体の生成は pH に依存しない．

金属イオンには複数の配位子が結合できる．たとえば，六配位錯体を形成する場合，その反応は段階的に進行する．

$$M^{II} + L^- \rightleftharpoons ML^+ \qquad K_1 = \frac{[ML^+]}{[M^{II}][L^-]} \qquad (2.7)$$

62　2　金属錯体の化学

$$\mathrm{ML^+ + L^- \;\rightleftharpoons\; ML_2} \qquad K_2 = \frac{[\mathrm{ML_2}]}{[\mathrm{ML^+}][\mathrm{L^-}]} \qquad (2.8)$$

$$\mathrm{ML_2 + L^- \;\rightleftharpoons\; ML_3^-} \qquad K_3 = \frac{[\mathrm{ML_3^-}]}{[\mathrm{ML_2}][\mathrm{L^-}]} \qquad (2.9)$$

$$\mathrm{ML_3^- + L^- \;\rightleftharpoons\; ML_4^{2-}} \qquad K_4 = \frac{[\mathrm{ML_4^{2-}}]}{[\mathrm{ML_3^-}][\mathrm{L^-}]} \qquad (2.10)$$

$$\mathrm{ML_4^{2-} + L^- \;\rightleftharpoons\; ML_5^{3-}} \qquad K_5 = \frac{[\mathrm{ML_5^{3-}}]}{[\mathrm{ML_4^{2-}}][\mathrm{L^-}]} \qquad (2.11)$$

$$\mathrm{ML_5^{3-} + L^- \;\rightleftharpoons\; ML_6^{4-}} \qquad K_6 = \frac{[\mathrm{ML_6^{4-}}]}{[\mathrm{ML_5^{3-}}][\mathrm{L^-}]} \qquad (2.12)$$

それぞれの反応において遂次生成定数（stepwise formation constant）K_n が定義される．また，n 個の $\mathrm{L^-}$ が配位した錯体の生成反応を考えると，

$$\mathrm{M^{II} + \mathit{n}L^- \;\rightleftharpoons\; ML^{(2-\mathit{n})+}} \qquad \beta_n = \frac{[\mathrm{ML^{(2-\mathit{n})+}}]}{[\mathrm{M^{II}}][\mathrm{L^-}]^n} \qquad (2.13)$$

で示す全生成定数 β_n が定義される．これと遂次生成定数との間には，

$$\beta_n = K_1 K_2 K_3 \cdots\cdots K_n \qquad (2.14)$$

の関係がある．

2.3.2　金属錯体の構造と生成定数

表 2.3 に AlF_n 錯体の遂次生成定数を示す．このように生成定数の間には，一般に，

$$K_1 > K_2 > K_3 > \cdots\cdots > K_n$$

の関係が成立する．

　水中では金属イオンには $\mathrm{H_2O}$ が配位していて，このイオンはアクア錯体とよばれる．この配位水は，省略されることもある．AlF_n 錯体の生成反応に配位水を含めると，反応は，

$$[\mathrm{AlF}_{n-1}(\mathrm{H_2O})_{6-n}]^{(4-n)+} + \mathrm{F^-} \longrightarrow$$
$$[\mathrm{AlF}_n(\mathrm{H_2O})_{5-n}]^{(3-n)+} + \mathrm{H_2O} \qquad (1 \leq n \leq 6) \qquad (2.15)$$

で示される．つまり，この反応は $\mathrm{Al^{III}}$ に配位した $\mathrm{H_2O}$ と配位子との交換反応であり，置換度の高い（n が大きい）錯体では，配位水の数が少ないために配位子による交換反応が生じにくくなるからと理解される．

表 2.3　Al 錯体と Cd 錯体の生成定数

錯体	生成定数					
	K_1	K_2	K_3	K_4	K_5	K_6
AlF_n	1.41×10^6	1.00×10^5	7.08×10^3	5.50×10^2	1.82×10	2.95
$CdBr_n$	5.75×10	3.80	9.55	2.40	—	—

　このような遂次生成定数の間でみられる関係はすべての錯体で成り立つわけではない.　たとえば, 表 2.3 に示したように $CdBr_n$ 錯体では, K_2 は K_1 よりも小さいが K_3 は K_2 よりも大きな値を示す.　これは, この錯体の生成が配位数の変化をともなっていることが原因となっている.　すなわち, Br^- が 2 個までの錯体の生成反応は,

$$[Cd(H_2O)_6]^{2+} + Br^- \longrightarrow [CdBr(H_2O)_5]^+ + H_2O \qquad (2.16)$$

のように, 配位数が 6 に保たれたまま Cd^{II} の配位水と Br^- との置換反応で進行するのに対して, $[CdBr_3]^-$ 錯体の生成反応は,

$$[CdBr_2(H_2O)_4]^+ + Br^- \longrightarrow [CdBr_3(H_2O)]^+ + 3H_2O \qquad (2.17)$$

のように, 六配位から四配位と配位数の減少をともなう.　この反応が進行すると分子数が増加するため, 系のエントロピーが増大する.　このことはギブズエネルギーの減少が大きいことを意味しており, そのため生成定数は大きな値を示すようになる.

　単座配位子による錯体と比べてキレート化合物は大きな生成定数を示すことが知られている.　表 2.4 に Ni 錯体の生成定数を示す.　$Ni(NH_3)_2$ とキレート化合物である $Ni(en)$ の生成定数をみると, 後者のほうが大きな値をとる.　またエントロピー項の変化 ($T\Delta S$) は, $Ni(NH_3)_2$ は負で $Ni(en)$ は正の値となる.　両者の錯体の生成反応は,

表 2.4　Ni 錯体の生成定数

錯体	生成定数の対数	$\Delta G°/kJ\ mol^{-1}$	$\Delta H°/kJ\ mol^{-1}$	$T\Delta S°/kJ\ mol^{-1}$
$Ni(NH_3)_2$	5.0	-28.7	-31.8	-3.1
$Ni(en)$	7.52	-42.9	-37.7	5.2
$Ni(edta)$	18.56	-105.8	-35.5	70.3

$$[\mathrm{Ni(H_2O)_6}]^{2+} + 2\,\mathrm{NH_3} \longrightarrow [\mathrm{Ni(NH_3)_2(H_2O)_4}]^{2+} + 2\,\mathrm{H_2O}$$
$$[\mathrm{Ni(H_2O)_6}]^{2+} + \mathrm{en} \longrightarrow [\mathrm{Ni(en)(H_2O)_4}]^{2+} + 2\,\mathrm{H_2O}$$
$$(2.18)$$

で示されるが，$\mathrm{Ni(NH_3)_2}$ 錯体の生成では反応の前後での分子数が変わらないのに対して，$\mathrm{Ni(en)}$ では反応後のほうが1分子増えている．分子数の増加は系の秩序の減少を示しており，このためにエントロピーの変化が大きいものと考えられる．このことは，$\mathrm{Ni(edta)}$ 錯体の生成ではさらに顕著に現れる．この錯体は生成定数が大きい．これはエントロピーが $70.3\,\mathrm{kJ\,mol^{-1}}$ とギブズエネルギーの変化 $-105.8\,\mathrm{kJ\,mol^{-1}}$ の約70％を占めており，このエントロピーの寄与している程度が大きいことによっている．$\mathrm{Ni(edta)}$ 錯体の生成では，

$$[\mathrm{Ni(H_2O)_6}]^{2+} + \mathrm{edta} \longrightarrow [\mathrm{Ni(edta)}]^{2+} + 6\,\mathrm{H_2O} \tag{2.19}$$

で示されるように，分子数は反応前の2に対して反応後には7となり，大幅に増加している．このために自由度が増加してエントロピーも増える．このように多座配位子で形成されるキレート化合物が大きな生成定数を示すことをキレート効果という．

2.3.3 ＨＳＡＢ則

　金属錯体の生成の度合いは生成定数で評価することができる．この生成定数は，金属イオンと配位子の組合せに依存している．たとえば，$\mathrm{Al^{III}}$ は $\mathrm{F^-}$ と安定な結合を形成するが，$\mathrm{S^{2-}}$ との結合は認められない．逆に $\mathrm{Hg^{II}}$ は $\mathrm{S^{2-}}$ と強固な結合を形成するが $\mathrm{F^-}$ との結合は弱い．一般に錯体の生成において，金属イオンは特定の配位原子をもつ配位子に高い親和性を示す．このような金属イオンと配位子間の関係は HSAB（hard and soft acid and base）則（ハサブ則とよむ）で整理できる．ルイス（Lewis）の酸・塩基の定義では金属イオンと配位子はそれぞれルイス酸とルイス塩基となり，金属錯体の生成反応はこの定義での酸塩基反応となる（pp.66〜67の Box 2.1）．HSAB 則とは，この酸と塩基を“硬い”あるいは“軟らかい”という概念で表現し，硬い酸と硬い塩基，あるいは軟らかい酸と軟らかい塩基の組合せでは，親和性の高い錯体が生成されることを述べたものである．

　表2.5に HSAB 則に基づく金属イオンと配位子の分類を示す．硬い酸に分類

2.3 金属錯体の反応　65

表 2.5　HSAB 則によるルイス酸とルイス塩基の分類

	硬　い	中　間	軟らかい
酸	Na^+, K^+, Mg^{2+}, Ca^{2+}, Al^{III}, Fe^{III}, Co^{III}	Fe^{II}, Co^{II}, Ni^{II}, Cu^{II}, Zn^{II}	Cu^I, Ag^I, Hg_2^{II}, Hg^{II}, Cd^{II}
塩　基	H_2O, OH^-, NH_3, PO_4^{3-}, F^-, Cl^-, SO_4^{2-}	NO_2^-, SO_3^{2-}, Br^-, N_3^-, イミダゾール，ピリジン	CN^-, I^-, RS^-, R_2S

される金属イオンは Al^{III} や Fe^{III} で代表されるように，イオン半径が小さく電荷が大きい．これらのイオンとハロゲン化物イオンとの錯体の生成定数は，$F^- >$ $Cl^- > Br^- > I^-$ の順に減少する．また，これらの金属イオンは O を配位原子とする配位子との親和性も高い．一方，軟らかい酸に分類される金属イオンには Ag^I や Cu^I などがあげられ，イオン半径が大きく電荷が小さい．これらのイオンのハロゲン化物イオンとの錯体では，$F^- < Cl^- < Br^- < I^-$ の順に生成定数が増加する．また，軟らかい酸になる金属イオンは S を配位原子とする配位子と親和性が高いのが特徴である．これらの硬い酸と軟らかい酸との間には中間の酸が存在する．同一の金属からなるイオンでも酸化数が異なるとこの分類も異なってくる．これは酸化数が増加すると，イオン半径の減少と電荷の増加が生じ，より硬い酸へとシフトするからである．たとえば Fe^{II} は中間の酸であるが Fe^{III} では硬い酸となる．また，Cu^I は軟らかい酸に分類されるが，Cu^{II} は中間の酸となる．なお，Cu^{II} は場合によって軟らかい酸に分類されることもある．これは Cu^{II} が中間の酸のなかでは軟らかい酸の部類に入っているためである．

　塩基についても同様の分類が行われる．ハロゲン化物イオンでは，F^-，Cl^- が硬い塩基で，Br^- は中間，I^- は軟らかい塩基となる．すなわち，周期表を上から下がるにつれて順に軟らかさが増加する．硬い塩基には O が配位原子となる配位子も含まれる．オキソ酸のなかで中心原子の酸化数が最大のもの（SO_4^{2-}，NO_3^-，PO_4^{3-}），H_2O，OH^-，酢酸（CH_3COOH）などの有機酸も硬い塩基である．一方，軟らかい塩基には S を配位原子とする配位子（RSH，RS^-，R_2S）が含まれる．中間の塩基には，オキソ酸のなかでも中心原子の酸化数が低いオキソ酸（NO_2^-，SO_3^{2-}），ピリジンがあげられる．生物内での反応では，硬い酸は有機酸とリン酸イオンをはじめとするオキソ酸イオンが，中間の塩基はイミダゾールの N 原子が，軟らかい塩基は S を配位原子とするチオラート（S^- 基）な

Box 2.1

酸と塩基の定義

酸と塩基のもっとも古い定義はアレニウス (Arrhenius) によるものである．この定義では，水に溶けると H^+ を放出するものが酸，OH^- を放出するものが塩基となる．たとえば，塩酸（HCl）と酢酸（CH_3COOH）は，

$$HCl \longrightarrow H^+ + Cl^- \tag{B2.1-1}$$

$$CH_3COOH \longrightarrow CH_3COO^- + H^+ \tag{B2.1-2}$$

のように解離し，H^+ を放出するため，酸となる．一方，水酸化ナトリウム（NaOH）やアンモニア（NH_3）は塩基に分類される．これは，NaOH の場合には，

$$NaOH \longrightarrow Na^+ + OH^- \tag{B2.1-3}$$

で示すように水中で解離して OH^- を放出するからであり，NH_3 の場合には，

$$NH_3 + H_2O \longrightarrow NH_4^+ + OH^- \tag{B2.1-4}$$

で示すように，H_2O から H^+ を奪って OH^- を生成するからである．このように，必ずしも物質に H^+ や OH^- を含んでいる必要はなく，水中で結果的にそれらのイオンを放出することで酸あるいは塩基となる．

アレニウスの定義は水中での反応を取り扱っているが，ブレンステッド（Brønsted）の定義（ブレンステッド-ローリー（Lowry）の定義ともいう）では H_2O 以外の媒質中でも酸と塩基が定義できる．この定義では，H^+ の供与体が酸，H^+ の受容体が塩基となる．CH_3COOH を例にとると，これは水中で H_2O と反応して，

$$CH_3COOH + H_2O \longrightarrow CH_3COO^- + H_3O^+ \tag{B2.1-5}$$

で示すようにヒドロキソニウムイオンを生成する．この反応では，CH_3COOH から H_2O に H^+ が移動しているために，CH_3COOH が酸，H_2O が塩基となる．しかし，この逆反応では H_3O^+ から CH_3COO^- へ H^+ が移動しているために，前者が酸，後者が塩基となる．

ブレンステッドの定義では溶媒を H_2O に限らない．溶媒が CH_3COOH のとき，HCl は，

$$HCl + CH_3COOH \longrightarrow CH_3COOH_2^+ + Cl^- \qquad (B2.1\text{-}6)$$

のように解離する．このとき，HCl が酸，CH_3COOH が塩基となる．HCl と $HClO_4$ は，溶媒が H_2O のときには両方とも完全に解離し，H_3O^+ を生じるため酸としての強弱の評価はできない（水平化効果（leveling effect）という）．しかし，H^+ 受容性の弱い溶媒を用いることで，その強弱を決定することができる．なお，ブレンステッドの酸の定量的な取り扱いは，Box 3.2 を参照されたい．

　酸と塩基のより広い定義は，ルイスにより与えられている．この定義では，電子対を受容するものが酸で供与するものが塩基となる．反応(B2.1-5) に示した CH_3COOH と H_2O との反応は，H_2O の O 原子上の非共有電子対が CH_3COOH に受容されているため，CH_3COOH が酸，H_2O が塩基となり，ブレンステッドの定義と一致する（図 B2.1-1）．この定義にしたがうと，

$$Cu^{II} + 4\,NH_3 \longrightarrow [Cu(NH_3)_4]^{2+} \qquad (B2.1\text{-}7)$$

で示した銅アンミン錯体の生成反応では，NH_3 の N 原子上にある非共有電子対が Cu^{II} で受容されるため，Cu^{II} が酸，NH_3 が塩基となる．すなわち，ルイスの定義はブレンステッドの定義よりも定義の範囲が広いといえる．しかし，H^+ の移動で定義される酸・塩基との区別から，ルイス酸（Lewis acid）・ルイス塩基（Lewis base）とよばれている．

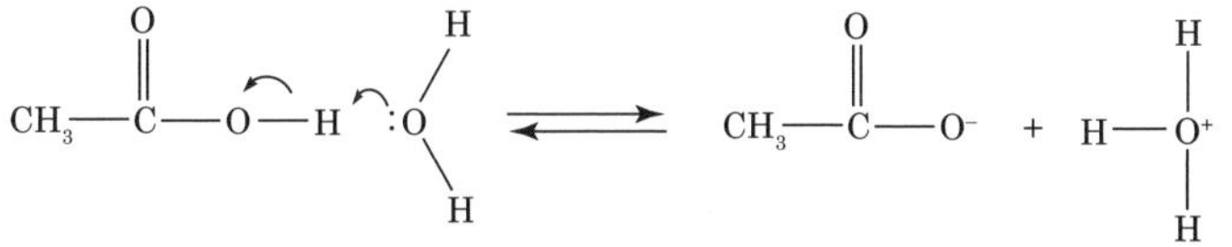

図 B2.1-1　酢酸と水との反応．

どが重要である．

2.3.4 金属錯体の電極電位

酸化還元反応の例として，Ce^{IV} による Fe^{II} の酸化反応,

$$Ce^{IV} + Fe^{II} \longrightarrow Ce^{III} + Fe^{III} \tag{2.20}$$

を考えよう．この反応では Ce^{IV} は酸化剤，Fe^{II} は還元剤となる．電子の授受に注目すると，この反応は，

$$Ce^{IV} + e^- \longrightarrow Ce^{III} \tag{2.21}$$
$$Fe^{III} + e^- \longrightarrow Fe^{II} \tag{2.22}$$

で示した二つの半反応に分けられる．通例にしたがい半反応は還元反応（電子の受容反応）として示したが，反応(2.20)では，実際には半反応(2.22)は逆向きに進行している．つまり，酸化剤（Ce^{IV}）は電子を受容し，還元剤（Fe^{II}）は電子の供与を行っている．ここで，一組の酸化体と還元体を酸化還元対（oxidation-reduction couple）とよび，酸化体/還元体，たとえば Ce^{IV}/Ce^{III} のように表す．

反応(2.20)では，Ce^{IV} が酸化剤となっているが，逆に Fe^{III} が酸化剤となり Ce^{III} を酸化することはないだろうか．つまり，酸化剤としての強さ，あるいは還元剤としての強さを示す指標はないものだろうか．これに答えるために図2.15 に示した電池を考えよう．ビーカー(a)には Ce^{IV} と Ce^{III} がそれぞれ $1\,mol\,L^{-1}$ 入っている．同様に，ビーカー(b)の Fe^{III} と Fe^{II} の濃度は $1\,mol\,L^{-1}$ である．両方の溶液には白金板が入っており，導線で結ばれている．また，KCl を含む寒天でつくられた塩橋で溶液同士は結ばれている．

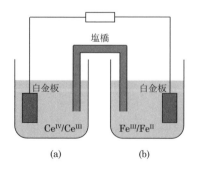

図 2.15 Ce^{IV}/Ce^{III} と Fe^{III}/Fe^{II} から構成される電池．

2.3 金属錯体の反応 69

　白金板と溶液に含まれる金属イオンとの間では電子のやり取りが生じる．たとえば Ce^{IV} が白金板から電子を奪うと Ce^{III} になり，Ce^{III} が白金板に電子を渡すと Ce^{IV} になる．同様の電子のやり取りは Fe^{III}/Fe^{II} 溶液と白金板の間でも生じている．このときの白金板との電子授受の強さが酸化還元電子対によって異なるため，一方の酸化還元対から生じた電子は導線を伝って他方の酸化還元対へと流れる．このことは両方の白金板の間に電位差が生じていることを意味している．図 2.15 の場合には，Ce^{IV}/Ce^{III} 側の白金板は Fe^{III}/Fe^{II} 側よりも 0.84 V 高い電位を示すことが知られている．電池では，電位の低い電極の電子が電位の高い電極に導線を介して流れるため，Fe^{III}/Fe^{II} 酸化還元対より生じた電子が Ce^{IV}/Ce^{III} 酸化還元対へと流れていくことがわかる．つまり，両方の系が標準状態であるときには，Ce^{IV} のほうが Fe^{III} よりも電子を受容する能力，つまり酸化力が強いことがわかる．

　このように，電極に生じる電位を用いることで酸化還元対の酸化力あるいは還元力の評価を行うことができる．実際には，電位の基準として H^+/H_2 の酸化還元対が標準状態（$[H^+] = 1\ mol\ L^{-1}$, $p_{H_2} = 1\ bar$）において示す電位を基準の電位（0 V）として用いる．とくに，電極反応にかかわる分子やイオンが標準状態で示す電位は標準電極電位（standard electrode potential），あるいは標準酸化還元電位（standard oxidation potential）といわれ，酸化力（還元力）の指標となる．この基準にしたがうと，半反応(2.21)と半反応(2.22)の標準電極電位はそれぞれ，1.61，0.77 V となり，その差（0.84 V）が図 2.15 の電池の起電力となる．

　酸化還元対がもっている酸化力（還元力）は，それを構成する分子やイオンの濃度によって変化する．たとえば，酸化還元対 Ce^{IV}/Ce^{III} では，Ce^{IV} が $1\ mol\ L^{-1}$ で Ce^{III} が $0.1\ mol\ L^{-1}$ になると，標準状態よりも酸化力が増していくことは直観的に想像できるであろう．このときの電極電位 E は，ネルンスト式（Nernst equation）から定量的に求められる．すなわち，半反応，

$$a A + b B + n e^- \longrightarrow x X + y Y \tag{2.23}$$

では，その電位 E は，

$$E = E^\circ - \frac{RT}{nF} \ln \frac{[X]^x [Y]^y}{[A]^a [B]^b} \tag{2.24}$$

70   2 金属錯体の化学

で示される．ここで，R, F, T はそれぞれ気体定数，ファラデー定数，絶対温度を示し，$E°$ は標準電極電位を表す．

錯体中の金属イオンも複数の酸化状態をとるならば電子の授受が可能である．また，このときの電極電位は，配位子により異なった値を示す．たとえば，Fe のアクア錯体では，前述したように $E°$ は 0.77 V を示すが，シアノ錯体の反応では，

$$[\mathrm{Fe(CN)_6}]^{3-} + \mathrm{e}^- \longrightarrow [\mathrm{Fe(CN)_6}]^{4-} \qquad E° = 0.36\,\mathrm{V} \qquad (2.25)$$

となり，電極電位が低下する．この相違は，$\mathrm{Fe^{II}}$ と $\mathrm{Fe^{III}}$ が CN^- との間で示す生成定数が異なることが原因となっている．

錯体の電極電位と生成定数との間の関係を理解するために，Fe と任意の配位子 L とによる錯体を考えよう．錯体は配位数を 1 とし，

$$\mathrm{Fe^{II}} + \mathrm{L} \longrightarrow [\mathrm{Fe^{II}L}]^{2+} \qquad\qquad (2.26)$$
$$\mathrm{Fe^{III}} + \mathrm{L} \longrightarrow [\mathrm{Fe^{III}L}]^{3+} \qquad\qquad (2.27)$$

で示した反応の生成定数をそれぞれ $K_\mathrm{f}(\mathrm{Fe^{II}L^{2+}})$ と $K_\mathrm{f}(\mathrm{Fe^{III}L^{3+}})$ とする．両方の過程における標準ギブズエネルギー変化を $\Delta G°(\mathrm{Fe^{II}L^{2+}})$ と $\Delta G°(\mathrm{Fe^{III}L^{3+}})$ とすると，これらは，

$$\Delta G°(\mathrm{Fe^{II}L^{2+}}) = -RT \ln K_\mathrm{f}(\mathrm{Fe^{II}L^{2+}}) \qquad\qquad (2.28)$$
$$\Delta G°(\mathrm{Fe^{III}L^{3+}}) = -RT \ln K_\mathrm{f}(\mathrm{Fe^{III}L^{3+}}) \qquad\qquad (2.29)$$

で示すことができる．一方，酸化還元対 $\mathrm{Fe^{III}}/\mathrm{Fe^{II}}$ と $[\mathrm{Fe^{III}L}]^{3+}/[\mathrm{Fe^{II}L}]^{2+}$ の標準電極電位をそれぞれ $E°(\mathrm{H_2O})$ と $E°(\mathrm{L})$ で表すと，

$$\mathrm{Fe^{III}} + \mathrm{e}^- \longrightarrow \mathrm{Fe^{II}} \qquad\qquad E°(\mathrm{H_2O}) \qquad (2.30)$$
$$[\mathrm{Fe^{III}L}]^{3+} + \mathrm{e}^- \longrightarrow [\mathrm{Fe^{II}L}]^{2+} \qquad E°(\mathrm{L}) \qquad (2.31)$$

となる．これらの電位を用いるとこの半反応における標準ギブズエネルギー変化 $\Delta G°(\mathrm{H_2O})$ と $\Delta G°(\mathrm{L})$ は，

$$\Delta G°(\mathrm{H_2O}) = -FE°(\mathrm{H_2O}) \qquad\qquad (2.32)$$
$$\Delta G°(\mathrm{L}) = -FE°(\mathrm{L}) \qquad\qquad (2.33)$$

となる（Box 2.2）．ここで，$\mathrm{Fe^{III}}$ から $[\mathrm{Fe^{II}L}]^{2+}$ 錯体をつくる過程を考えよう．これには，

2.3 金属錯体の反応　71

Box 2.2

電極電位とギブズエネルギー変化

　電池では，負極から電子が外部の導線を通り正極に流れていく．起電力 (electromotive force) とは，この電子を押し出す力をいう．これを E/V とし，流れた電気量を Q/C とすると，電子が行った仕事 W/J は，

$$W = QE \qquad\qquad (B2.2\text{-}1)$$

で与えられる．ここで，半反応 (B2.2-2) が生じたときのギブズエネルギー変化 $\Delta G°$ を求めてみよう．

$$a\mathrm{A} + b\mathrm{B} + n e^- \longrightarrow x\mathrm{X} + y\mathrm{Y} \qquad\qquad (B2.2\text{-}2)$$

この反応の標準電極電位を $E°/V$ とすると，これは水素電極を負極とし正極が $E°/V$ の起電力をもった電池と考えることができる．つまり，

$$a\mathrm{A} + b\mathrm{B} + n/2\,\mathrm{H_2} \longrightarrow x\mathrm{X} + y\mathrm{Y} + n\mathrm{H^+} \qquad (B2.2\text{-}3)$$

が進行している．この反応では，a mol の A と b mol の B が反応し x mol の X と y mol の Y を生じた場合には n mol の電子が移動することがわかる．電子 1 mol の電気量は F/C であるため，この反応で流れた電気量は nF/C となる．ここで，F はファラデー定数を示している．以上から，この反応で電子が行った仕事は $nFE°$ となり，ギブズエネルギー変化との関係は，

$$\Delta G° = -nFE° \qquad\qquad (B2.2\text{-}4)$$

で示される．すなわち，反応 (B2.2-3) は $E°$ が正のときには右側に進行し，負のときには左側に進行することがわかる．

　過程 ①　$\mathrm{Fe^{III}}$ を一電子還元して $\mathrm{Fe^{II}}$ にしたあとに $[\mathrm{Fe^{II}L}]^{2+}$ を生成する経路

　過程 ②　$\mathrm{Fe^{III}}$ を $[\mathrm{Fe^{III}L}]^{3+}$ 錯体としたあとに一電子還元を行う経路

の二通りが存在する．ギブズエネルギー変化は，過程①では $-FE°(\mathrm{H_2O}) - RT\ln K_\mathrm{f}(\mathrm{Fe^{II}L^{2+}})$ であり，過程②では $-RT\ln K_\mathrm{f}(\mathrm{Fe^{III}L^{3+}}) - FE°(\mathrm{L})$ となる．両方とも途中の過程は異なるが，反応前後の状態が同じため両方の過程でのギブズエネルギー変化は等しい（図 2.16）．つまり，

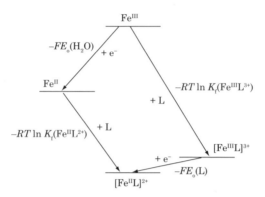

図 2.16 Fe^{III} を $[Fe^{II}L]^{2+}$ に変換するときの仮想的なエネルギー準位. 左側は Fe^{III} を Fe^{II} に還元したのち L と錯体を生成する場合. 右側は Fe^{III} と L との錯体を生成したのち還元する場合.

$$RT \ln K_f(Fe^{III}L^{3+}) + FE°(L) = RT \ln K_f(Fe^{II}L^{2+}) + FE°(H_2O)$$
(2.34)

の関係が得られる. この式から $K_f(Fe^{III}L^{3+})$ と $K_f(Fe^{II}L^{2+})$ が等しいときは, $E°(L)$ は $E°(H_2O)$ に一致することがわかる. つまり, $[Fe^{II}L]^{2+}$ と $[Fe^{III}L]^{3+}$ 錯体の生成による安定化が等しいため, $[Fe^{III}L]^{3+}$ の $[Fe^{II}L]^{2+}$ への還元にともなうエネルギーは, アクア錯体の還元のときと同じであると理解できる. また, 式(2.34) から, $K_f(Fe^{III}L^{3+})$ が $K_f(Fe^{II}L^{2+})$ よりも小さいときは, $E°(L)$ は $E°(H_2O)$ よりも大きくなることが示される. これは, $[Fe^{III}L]^{3+}$ の $[Fe^{II}L]^{2+}$ への還元はより安定性の高い $[Fe^{II}L]^{2+}$ の生成につながるため反応が促進すること, つまり, 酸化還元対 $[Fe^{III}L]^{3+}/[Fe^{II}L]^{2+}$ は酸化還元対 Fe^{III}/Fe^{II} よりも電子を受容する傾向（電位の上昇）にあると解釈される. 逆に, $K_f(Fe^{III}L^{3+})$ が $K_f(Fe^{II}L^{2+})$ よりも大きいときは, 式(2.34) から $E°(L)$ は $E°(H_2O)$ よりも小さくなることが示される. これは, $[Fe^{III}L]^{3+}$ の $[Fe^{II}L]^{2+}$ への変化は錯体が不安定化するため逆反応が促進されること, つまり, 酸化還元対 $[Fe^{III}L]^{3+}/[Fe^{II}L]^{2+}$ は酸化還元対 Fe^{III}/Fe^{II} よりも電子を放出する傾向（電位の低下）にあると理解できる. 以上をまとめると, アクア錯体の電極電位と比べて, **配位子が, 酸化数の大きいイオンを安定化するときには錯体の電極電位が低下し, 酸化数の小さいイオンを安定化するときには錯体の電極電位が上昇する**という重要な

2.3 金属錯体の反応　73

結論が得られる.

2.3.5 代表的な金属イオンの配位構造

　金属錯体の配位構造は，エネルギーの安定性に基づいて決定されることは自明であろう．エネルギーの安定性を決定するおもな要因には，配位子が単座配位子のように互いが独立して動ける場合には，

① 　金属-配位子の結合エネルギー
② 　配位子間相互作用
③ 　結晶場安定化エネルギー

があげられる．単純化して考えると，金属-配位子間の結合がギブズエネルギーの減少につながるときには，より多くの配位子を結合させたほうが系が安定化する．しかし，一方では配位子数の増加は，配位子間に生じる反発エネルギーが系を不安定化させる．このため両者がつりあった状態で，最適な配位数をとることになる．たとえば，Fe^{III} と 1 個の Cl^- との結合はギブズエネルギーを減少させるが，錯体は $[FeCl_4]^-$ と正四面体型の四配位構造をとることが知られている．これは負電荷をもつ Cl^- 同士の反発が大きいため，5 個以上の Cl^- を結合すると系が不安定化するためである．これとは対照的に，アクア錯体や CN^- 錯体はそれぞれ $[Fe(H_2O)_6]^{3+}$ や $[Fe(CN)_6]^{3-}$ のように正八面体型の六配位構造をとるが，これは H_2O では配位原子が小さくその負電荷が小さいこと，また CN^- では配位原子が小さくその負電荷も分子全体に分布しているためにその影響が小さいことが理由となっている.

　代表的な金属イオンが生体物質との間で形成する錯体の配位構造を表 2.6 に示す.

表 2.6　代表的な金属イオンのとる配位構造

配位構造	配位原子			
	フェノラート	イミド窒素 (脱 H^+型)	チオラート	アミノ窒素，カルボニル 酸素，カルボキシ酸素
正四面体型	Fe^{III}	—	Zn^{II}, Cu^I	Zn^{II}
平面正方形型	—	Cu^{II}	Cu^{II}	Cu^{II}
正八面体型	Fe^{III}	—	—	Fe^{II}

- Fe^{III} は HSAB 則で硬い酸となるのでフェノラートの O 原子と好んで結合を形成する．また，O 原子による配位子場は弱いので，結晶場分裂が小さい．また d^5 のイオンであるため，結晶場安定化エネルギーがゼロとなり，配位子間の相互作用が錯体の構造を決める主たる要因となる．その結果，配位子が互いに離れた正四面体型や正八面体型の構造をとる．

- Fe^{II} は中間の酸に分類されるので，O や N の配位原子とする配位子と結合を形成する．また Fe^{III} と比べるとイオン半径が大きいので，四配位よりも六配位の構造をとる．

- Cu^I は軟らかい酸に分類され，S を配位原子としたチオラートと親和性が高い．電子配置は d^{10} であるため結晶場安定化エネルギーによる安定化が得られない．このため，特定の配位構造をとる傾向は小さいが，S 原子は比較的大きいため，正四面体型の構造をとる．

- Cu^{II} は中間の酸に分類され，N や O を配位原子として結合する傾向にある．また，d^9 の電子配置をもつイオンであるためヤーン-テラー効果を生じ，平面正方形型の構造をとることが多い．

- Zn^{II} は，HSAB 則では中間の酸であり，N 原子や O 原子と結合をつくる．電子配置は Cu^I と同様に d^{10} で，結晶場安定化エネルギーがゼロである．このため特定の配位構造をとる傾向が小さく，配位子間の反発が配位構造を決定する主要因となる．したがって，配位子同士がより離れた正四面体型の配位構造をとる．

以上，いくつかの金属イオンがとり得る配位構造を述べたが，金属タンパク質における金属イオンでは，タンパク質分子がつくる配位子の立体配置も配位構造に影響を与える．この結果，配位構造はひずんで変形したものになるが，このひずみが金属タンパク質の機能発現に重要となってくる．

2.3.6 金属イオンのアクア錯体とオキソ酸イオン

金属イオン M^{m+} は水中でアクア錯体を形成する．これは，金属イオンに対して H_2O の O 原子の非共有電子対が配位した構造となっている．図 2.17 に示すように M^{m+} が O 原子の非共有電子対を強く引き寄せると，H_2O の O—H 間の共有電子対が O 原子側に移動する．その結果，水和した H_2O の H 原子が H^+ と

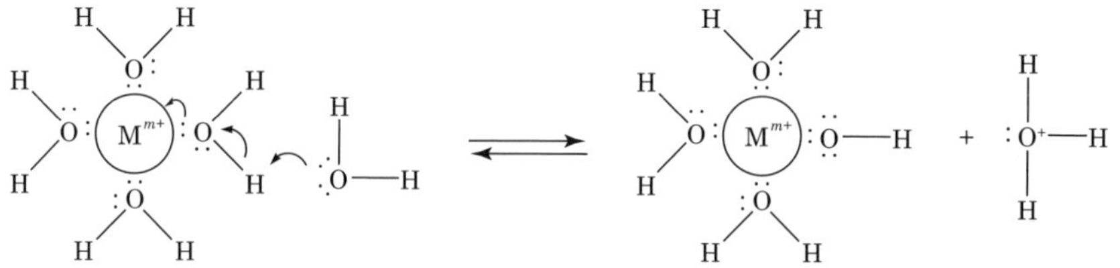

図 2.17 配位水からの H^+ の放出.

して解離し隣の H_2O との間でヒドロキソニウムイオンを形成する. この反応では金属イオンの水溶液は酸性を示す. 金属イオンに水和している H_2O の個数を水和数というが, この数はそれぞれのイオンで異なった値をとる. ここで, M^{m+} の水和数を6とすると, この酸塩基反応は,

$$[M(OH_2)_6]^{m+} + H_2O \rightleftharpoons [M(OH_2)_5(OH^-)]^{(m-1)+} + H_3O^+$$

(2.35)

で与えられる. 金属イオンによる電子対の求引が強いほど, H_2O の O—H 間の結合電子対が O 原子側へ移動する割合が高くなり, より強い酸として機能する. したがって, 同一の金属では金属イオンのもつ電荷が大きいほどより強い酸となる. たとえば Fe では, Fe^{II} のアクア錯体は pK_a が 9.5 の弱酸であるが, Fe^{III} では pK_a は 2.9 へと減少し酸性度が高まる.

中心金属の電荷がさらに大きくなると複数の H^+ が放出され, また O 原子の非共有電子対が金属イオンと O 原子の間に移動し二重結合を形成するようになる. このような二重結合をもった O 原子はオキソ基 (oxo group) とよばれている. V や Mn はそれぞれ四価や七価の酸化数をとると, バナジルイオン VO^{2+} や過マンガン酸イオン MnO_4^- のようにオキソ基が結合する. Fe も酸化数が4になるとオキソ基が結合するようになる.

3

加 水 分 解

　タンパク質の構造と機能を分子レベルで明らかにすることは，生命現象の解明において重要な研究手段の一つである．このためには，動物，植物あるいは微生物などの生物材料から目的とするタンパク質を取得して，その特性を明らかにすることが必要となる．実際には生物材料から目的とするタンパク質を抽出し，その単離と精製を行う．しかし，この過程では生物がもっているタンパク質の加水分解酵素（protease，プロテアーゼ）により目的タンパク質が分解されてしまうことがある．これを避けるためにはプロテアーゼの阻害剤（inhibitor）が用いられる．プロテアーゼの種類は多様であり，それに応じてさまざまな物質が阻害剤となっている．このなかには，金属イオンのキレート剤として知られているEDTA も含まれている．プロテアーゼには金属イオンを含むグループがあり，EDTA は金属イオンを酵素分子から奪い取ることで酵素を失活させるからである．

　生物内ではタンパク質以外にもさまざまな物質の加水分解反応が進行している．生物はこの反応を通して，情報伝達，エネルギー代謝ならびに元素の再利用などを行っている．金属イオンを含む加水分解酵素では，亜鉛(II)，マグネシウム(II)，マンガン(II)，カルシウム(II) などが活性発現に必須の要素となっている．これらのイオンは，ルイス酸としてはたらくことでその触媒機能を発揮している．ルイス酸の強さは金属イオンにより異なっており，そのなかで亜鉛(II) は強いルイス酸に分類される．ここではこのイオンが触媒活性の中核的役割を果たしている加水分解酵素を例に紹介する．

3.1 加水分解の反応形式

加水分解反応の例として,エステル (ester) $R_1C(O)OR_2$ の加水分解を取り上げる.この反応は,pH が中性の溶液ではほとんど進行しないが,酸性あるいは塩基性では分解速度が速まる.この理由を考えてみよう.

エステルにはカルボニル基が存在し,この C 原子と O 原子は二重結合で結ばれている.O 原子は C 原子よりも電気陰性度 (electronegativity) が高いため,カルボニル基は C 原子と O 原子がそれぞれ正と負の部分電荷をもつように分極している (図 3.1(a)).見方を変えると,カルボニル基は図(b)に示した二つの極限構造式 (canonical structure) の間で共鳴 (resonance) しているものととらえることができる.極限構造式 I は C 原子と O 原子が二重結合を形成しており,両方とも原子の周りの共有電子と非共有電子の和が 8 となるためにオクテットを満たしている.一方,極限構造式 II は,C—O 間の共有電子対の 1 対が O 原子の非共有電子対へと移動している.ここで各原子が有する電子の数をみると,O 原子では共有電子対が 1 対と非共有電子対が 3 対であるためオクテットとなっているが,C 原子は共有電子対が 3 対だけとなるのでオクテット則が満たされていない.この電子不足性のため,カルボニル基の C 原子(カルボニ

(a)

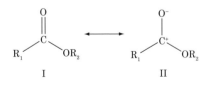

(b)

図 3.1 カルボニル基の分極 (a) と共鳴構造 (b).

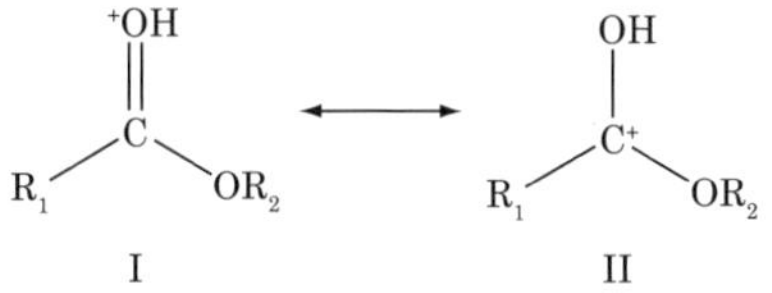

3.1 加水分解の反応形式　**79**

図 3.2 酸性条件下におけるカルボニル基の共鳴構造.

ル炭素）はほかの分子の電子対を受け入れることが可能となっている．一方のH_2O は，O 原子が非共有電子対を 2 対もっているために，求核試薬（nucleophile）としてカルボニル炭素を攻撃できる．しかしながら，中性の反応条件ではカルボニル炭素の電子不足性が小さいこと，また H_2O の求核性も小さいことからカルボニル炭素は H_2O の電子対を受容するまでには至らない．

　酸性条件になると状況が変わってくる．酸性溶液では H^+ の濃度が高いため，これがカルボニル基の O 原子（カルボニル酸素）に結合した分子の割合が高くなる．この構造は，C 原子と O 原子が二重結合でつながった構造（図 3.2 I）と単結合でつながった構造（図 II）とをそれぞれ極限構造式とした共鳴状態で表すことができる．ここで示した極限構造式 I では，電気陰性度の高い O 原子に正電荷が存在するため不安定であり，共鳴構造での寄与の割合は小さくなる．すなわち，カルボニル酸素にオクテット則が満たされていない極限構造式 II の寄与が相対的に高くなる．つまり，カルボニル炭素の電子不足性が大きくなるといえる．このことは，カルボニル炭素の非共有電子対が H^+ 側に引き寄せられ，その結果カルボニル炭素の電子不足性が大きくなったものととらえることもできる．このようにカルボニル酸素に H^+ が結合することでカルボニル炭素は活性化され，H_2O の O 原子の非共有電子対を受容できるようになる．

　酸性条件下におけるエステルの加水分解の反応機構を図 3.3 に示す（p.81 のBox 3.1）．順に追っていくと，

① 　カルボニル炭素は H^+ で活性化を受け，H_2O の求核攻撃を受ける（図(a)～(b)）．

② 　H_2O の O 原子の非共有電子対は O－C 間の結合電子対となり，カルボニル基の結合電子対の 1 対がカルボニル酸素の非共有電子対へと移動する．このとき H^+ が付加したカルボニル酸素は OH 基となる．またカルボニル炭素は sp^2 混成軌道をとっているが，中間体では sp^3 混成軌道へと変

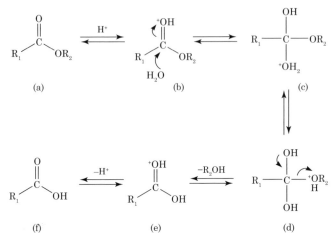

図 3.3　酸性条件下におけるエステルの加水分解.

化する．生じた中間体は四面体型であり，これを四面体中間体（tetrahedral intermediate）という（図3.3(b)〜(c)）．

③　図(c) に示した四面体中間体では H_2O に由来する O 原子が H^+ 化されているが，この分子は OR_2 基の O 原子が H^+ 化した四面体中間体（図(d)）との間で平衡になっている．

④　一般に，四面体中間体の中心の C 原子に複数の O 原子が結合した分子は不安定で脱離反応を生じやすい．このときの脱離は，この C 原子と脱離基との間の結合電子対が脱離基の非共有電子対へと移動することで生じる．また，塩基性の低い脱離基，すなわち共役酸の酸性度が高い脱離基が優先的に放出される（pp.82〜83 の Box 3.2）．したがって，図(c) に示した四面体中間体からは H_2O が脱離するが，H_2O の付加物から H_2O が脱離するだけなので反応は実質的には進行せず，もとのエステルに戻っていく．

⑤　一方，H^+ が移動すると OR_2 基の O 原子が H^+ 化した四面体中間体となる（図(d)）．この中間体では，脱離基の塩基性が OH^- よりも R_2OH のほうが弱いため，この四面体中間体からはアルコールが脱離する（図(d)〜(e)）．

3.1 加水分解の反応形式　81

Box 3.1

巻　矢　印

　化学反応は結合の組換えによって生じる．つまり，結合にかかわる電子対あるいは電子の移動により化学反応は進行する．この電子の移動を視覚的にとらえるために，巻矢印が用いられる．図 B3.1-1(a) には，塩化水素 (HCl) が H_2O に溶けて H_3O^+ と Cl^- が生じる反応を示す．H_2O の O 原子上の電子対が HCl の H 原子との共有電子対となり，H—Cl 間の共有電子対が Cl 原子に移動して Cl^- となる．このような電子対の動きを表すのに，曲がった矢印（巻矢印）が用いられる．一方，図(b) は，Br—Br 間の電子が 1 個ずつ Br 原子に移動して Br·（Br ラジカル）が生じる反応を示す．このように，1 電子の動きは片羽の巻矢印で表す．

(a)　　H_2O　$H–Cl$　⟶　H_3O^+ ＋ Cl^-

(b)　　　$Br–Br$　⟶　$2\,Br·$

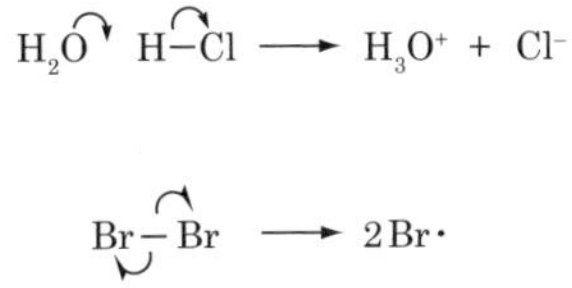

図 B3.1-1　巻矢印を使った電子の移動の説明．
　　　　HCl が H_2O に溶けて H_3O^+ と Cl^- が生じる反応 (a)
　　　　と Br_2 から Br· の生成 (b)．

---

⑥　カルボニル酸素に付加していた H^+ が外れて反応が完結する（図 3.3(e) 〜図(f)）．

　このように，酸性条件下でのエステルの加水分解は H^+ のカルボニル炭素への付加から出発し，カルボニル炭素への H_2O の求核攻撃を経てアルコールの脱離で終了する．このさい，H^+ は最終的に回収されるために H^+ は触媒として機能していることになる．また，各中間体間の反応は平衡反応であるため，加水分解反応は可逆反応となる．

　溶液が塩基性のときは別の機構で加水分解が進行する．このときには溶液中の OH^- 濃度が高くなり，このイオンが求核試薬としてはたらくようになる．OH^-

82　　3　加　水　分　解

Box 3.2

ブレンステッドの酸と塩基

　酸と塩基の定義にはいくつかの方式があるが，ブレンステッドの定義はH^+の授受によっている．つまり，H^+の供与体は酸で，H^+の受容体は塩基になる．たとえば，弱酸 HA の水中での電離反応をみてみよう．

$$HA + H_2O \rightleftharpoons H_3O^+ + A^- \tag{B3.2-1}$$

右向きの反応では HA は H^+ を供与しているので酸，H_2O は H^+ を受容しているので塩基となる．逆に，左向きの反応では H_3O^+ は H^+ を供与しているので酸，A^- は H^+ を受容しているので塩基となる．ここで，HA と A^- は，それぞれ H^+ の受容型と供与型になっており，この対応関係を共役という．つまり，HA と A^- はそれぞれ共役の酸と塩基ということになる．同様に，H_3O^+ と H_2O も共役の酸と塩基になる．

　反応(B3.2-1)の平衡定数 K は，それぞれの物質の活量を用いて，

$$K = \frac{a(H_3O^+) \cdot a(A^-)}{a(HA) \cdot a(H_2O)} \tag{B3.2-2}$$

で示される．希薄溶液ではそれぞれの物質の活量はそれぞれのモル濃度で代用でき，H_2O の活量は純物質とみなせるので，$a(H_2O) = 1$ とおける．ここで，H_3O^+ を H^+ と略記すると，

$$K_a = \frac{[H^+] \cdot [A^-]}{[HA]} \tag{B3.2-3}$$

が得られる．ここで，K_a は酸解離定数とよばれる物理量で，酸の解離の程度，つまり酸の強さを表す．

　塩基でも同様の平衡反応を考えることができる．たとえば，Na の A 塩，つまり NaA は H_2O に溶解すると Na^+ と A^- に解離する．生じた A^- は H_2O との間で平衡にあり，

$$A^- + H_2O \rightleftharpoons HA + OH^- \tag{B3.2-4}$$

この反応の平衡定数 K は，

$$K = \frac{a(HA) \cdot a(OH^-)}{a(A^-) \cdot a(H_2O)} \tag{B3.2-5}$$

で与えられる．NaA の希薄溶液を考えると，HA のときと同様に塩基解離定数 K_b が，

$$K_b = \frac{[\text{HA}] \cdot [\text{OH}^-]}{[\text{A}^-]} \tag{B3.2-6}$$

で表される．K_a のときと同様に，K_b の値が大きい塩基は強い塩基となる．

H_2O の自己解離反応は，

$$H_2O + H_2O \rightleftharpoons OH^- + H_3O^+ \tag{B3.2-7}$$

と示され，このとき，一方の H_2O は酸，もう一方の H_2O は塩基となる．この反応の平衡定数 K は，

$$K = \frac{a(\text{H}_3\text{O}^+) \cdot a(\text{OH}^-)}{a(\text{H}_2\text{O})^2} \tag{B3.2-8}$$

で与えられるが，解離の程度が小さいために H_2O 濃度は一定とみることができる．したがって，前の議論と同様に水の自己解離定数 K_w が，

$$K_w = [\text{H}^+] \cdot [\text{OH}^-] \tag{B3.2-9}$$

で定義される．これは，H_2O のイオン積ともいい，25℃ では 1.0×10^{-14} の値を示す．

ここで，K_a と K_b の積をとると，

$$K_a K_b = K_w \tag{B3.2-10}$$

の関係が導かれる．$-\log X = \mathrm{p}X$ の略記を用いると，共役の酸と塩基の間には，

$$\mathrm{p}K_a + \mathrm{p}K_b = 14$$

の関係があることがわかる．つまり，強酸の共役塩基は弱塩基であり，弱酸の共役塩基は強塩基となる．

ここで，図 3.3(c) をみると，この中間体からは OH^-，$OR_2{}^-$，H_2O が脱離基となるが，それぞれの共役酸は H_2O，R_2OH，H_3O^+ であり，このなかでは H_3O^+ がもっとも強い酸である．このため，H_2O が脱離する．また，図(d) では，OH^- と R_2OH が脱離基であるが，これらの共役酸は H_2O と $R_2OH_2{}^+$ であり，$R_2OH_2{}^+$ はアルコールに H^+ が付加したものであるため，酸として強い．したがって，このときアルコールが脱離する．

84   3 加 水 分 解

は O 原子上に負電荷を有するために，H_2O よりも求核性が強い．このためカルボニル炭素は活性化されていなくても C 原子への求核反応を受けるようになる．反応機構は図 3.4 に示す．つまり，

① OH⁻ がカルボニル炭素を攻撃する（図(a)〜(b)）．

② OH⁻ の非共有電子対が C—O 間の共有電子対となり，同時に C—O 間の共有電子対が O 原子の非共有電子対へと移動し，四面体中間体が形成される（図(b)〜(c)）．

③ 図(c) の四面体中間体から OH⁻ が脱離すると，エステルに戻るだけである．

④ アルコキシドイオン（R_2O^-）は OH⁻ よりも塩基度が高いので脱離しにくいが，脱離は非可逆的に進行する（図(c)〜(d)）．

⑤ 生じた R_2O^- のほうがカルボン酸よりも塩基度が高いのでカルボン酸に付加した H⁺ がアルコキシドイオンに移動する（図(d)〜(e)）．最後の二つの反応が一方向にしか進行しないので，全体の反応は非可逆反応となる．

ここで示したように，エステルの加水分解では反応中心への求核試薬の付加と脱離基の放出の容易さが反応を進行させるうえで重要な因子となる．ペプチド結合（peptide bond）やホスホエステル結合（phosphoester bond）の加水分解反応においても，本質的にはここで示したエステルの加水分解と同様の機構で反応

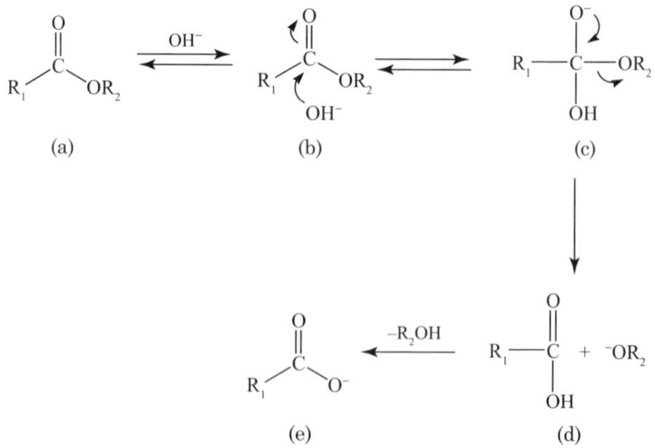

図 3.4 塩基性条件下におけるエステルの加水分解．

が進行する．すなわち，ペプチド結合ではアミド結合のカルボニル炭素への求核攻撃が，またホスホエステル結合ではホスホリル基のP原子への求核攻撃が反応の出発点となる．しかしながら，生物内ではpHがほぼ中性に保たれているため，H^+やOH^-の濃度は低い．このため，溶液中でのこれらのイオンを直接的に利用した加水分解反応を行うことはできない．金属イオンが関連した酵素では，このようなpHが中性の条件下においても反応中心の活性化とH_2Oの求核試薬としての活性化を行うことで，加水分解反応を円滑に進行させている．

3.2　金属イオンによる加水分解反応の促進

　金属錯体では，配位子の非共有電子対は金属イオンに受容されている．この非共有電子対は金属イオン側へ引き寄せられているため，配位子の化学的性質は錯体の生成にともない変化を生じる．金属イオンはこのようなルイス酸としての特性を有するため，イオン単独で加水分解反応の触媒として機能することがある．金属イオンを含んだ酵素による加水分解でも，金属イオンのルイス酸としての特性が反応を進行させる原動力となっている．ここでは，まず金属イオンが単独のイオンとして加水分解反応を触媒する機構について解説しよう．

　2.3.6項で示したように金属イオンのアクア錯体では配位水のO原子に存在する非共有電子対が金属イオンに引き寄せられるため，配位水の酸性度は上昇する．つまり，配位水は溶液のH_2Oよりも解離が大きくなっているといえる．これを具体的にみていこう．Zn^{II}のアクア錯体について考えると，H^+が解離したアクア錯体のH^+が解離していない錯体に対する割合は，

$$\frac{[Zn(H_2O)_5(OH^-)]^+}{[Zn(H_2O)_6]^{2+}} = 10^{(pH-pK_a)} \tag{3.1}$$

で与えられる．Zn^{II}の水和物のpK_a（$-\log K_a$）は8.7であるため，pH 7.0の溶液では$[Zn(OH)_6]^{2+}$の2%が解離して$[Zn(OH)_5(OH)]^+$になっている．つまり水和水1分子に注目すると，その0.33%が解離していることになる．水和水に対して溶液の水をバルクの水というが，この水ではpH 7.0でのOH^-の濃度は$1.0 \times 10^{-7} \, mol \, L^{-1}$である．水のモル濃度$55.6 \, mol \, L^{-1}$を考慮すると$1.8 \times 10^{-7}$%が解離しているにすぎない．つまり，$Zn^{2+}$の配位水ではバルクの水に比

図 3.5 金属イオンによるカルボニル基の活性化. 点線の矢印は配位結合を示す.

べてじつに 6 桁以上の高い割合で H_2O が OH^- に解離していることになる. 求核性という観点からみると, この OH^- は, 金属イオンに配位しているために溶液中の OH^- よりは弱いものの, バルクの水よりも強い. このような配位水の解離は, 金属イオンによる電子対の求引力, すなわちルイス酸としての特性に依存しているため, 強いルイス酸となる金属イオンの水和水は求核反応をより強力に促進する.

金属イオンは反応中心のカルボニル基の活性化を行うこともできる. H^+ がカルボニル酸素に結合し, カルボニル炭素の電子不足性を上昇させる効果は前述したとおりであるが, 金属イオンもルイス酸としてカルボニル炭素の電子不足性を増加させることができる. つまり, 図 3.5 に示したようにカルボニル酸素が金属イオンに配位すると, O 原子の非共有電子対が金属イオンに引き寄せられ, その結果カルボニル炭素の電子不足性が高まっていく.

H^+ が触媒となるエステルの加水分解では, H^+ は四面体中間体の形成のほかに脱離基の脱離の促進にも機能していた. つまり, 四面体中間体の O 原子に H^+ が付加すると脱離基 R_2O^- の塩基性が弱まり (共役酸の R_2OH の酸性度が上昇し) 脱離が容易になる (図3.6(a)). 同様に, O 原子が金属イオンに配位すると O 原子の非共有電子対が金属イオンに求引され, R_2O^- の塩基性が低下する (図(b)). その結果, 脱離基の脱離が容易になる.

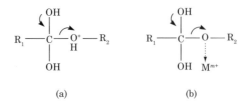

図 3.6 エステルの加水分解における脱離基の脱離の促進. H^+ (a) と金属イオン (b) による脱離の促進. 点線の矢印は配位結合を示す.

3.2 金属イオンによる加水分解反応の促進　**87**

　このように金属イオンは，H_2O の活性化，反応中心の活性化ならびに脱離基の脱離を促進することで，加水分解反応の触媒となる．実際に金属イオンが単独のイオンとして触媒する反応をみていこう．

　トリフルオロ酢酸メチルの加水分解は Zn^{II} で触媒される（図 3.7）．この反応では Zn^{II} が H_2O の活性化を行い，生成した OH^- がカルボニル炭素を求核的に攻撃する（図(a)）．さらに，Zn^{II} は四面体中間体のメトキシ基の O 原子に配位し，メトキシドイオンの脱離を促進する（図(b)）．その結果，トリフルオロ酢酸の脱離が生じ（図(b)〜(c)），Zn^{II} に配位していたメトキシドイオンがメタノールとして放出される（図(c)〜(d)）．

　別の例として，アミノ酸エステルの加水分解がある（図 3.8）．この反応は Cu^{II} や Co^{II} で触媒されるが，金属イオンは反応中心の活性化を行うことで反応の促進をはかっている．たとえば，Cu^{II} では，アミノ酸エステルはアミノ基のN原子（アミノ窒素）とカルボニル酸素が Cu^{II} に配位した五員環のキレート化合物を形成する（図(a)）．Cu^{II} はカルボニル酸素の非共有電子対を引き寄せることでカルボニル炭素の電子不足性を増大させ（図(b)），H_2O による求核攻撃

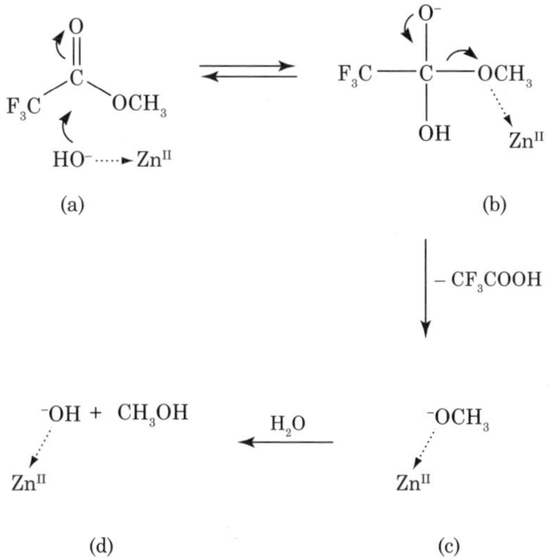

図 3.7 Zn^{II} が触媒するトリフルオロ酢酸メチルの加水分解．
点線の矢印は配位結合を示す．

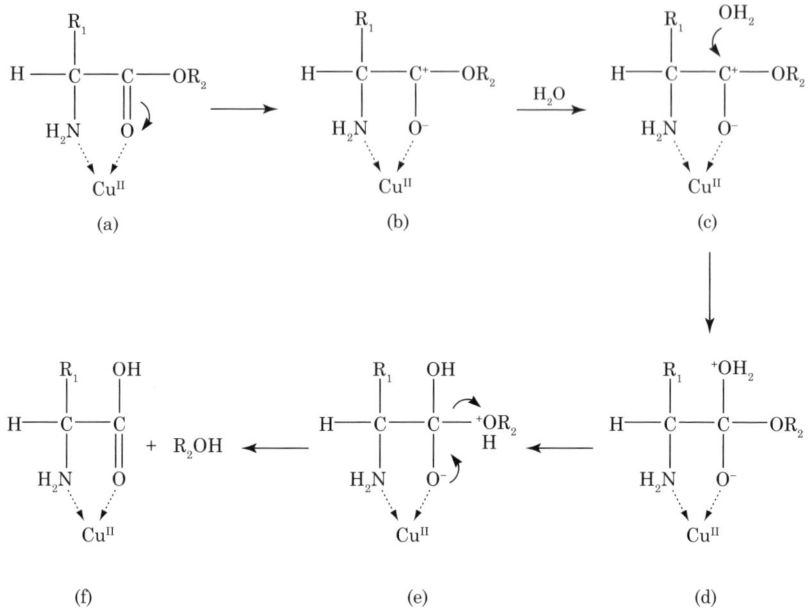

88   3 加 水 分 解

図 3.8 Cu^{II} が触媒するアミノ酸エステルの加水分解.
点線の矢印は配位結合を示す.

を容易にする（図 3.8(c)〜(d)）．R_2O 基の O 原子が H^+ 化した四面体中間体（図
(e)）では R_2OH の脱離が容易になり，これが放出されて反応が完了する（図
(f)）.

3.3　金属酵素による加水分解の反応機構

　金属イオンによる加水分解反応の触媒は，金属イオンのルイス酸としての特性
が大きくかかわっている．金属酵素においても金属イオンの果たす役割は本質的
には変わらないが，そこでは反応を促進させるために必要な機能部位が三次元的
に配置されているという特徴がある．このような三次元的な構造の組織化は，酵
素の触媒機能の発現に効果的であり，これを通して高選択性で高効率の分解反応
を可能としている．

　実際の酵素では，金属イオンのみならずタンパク質に由来する種々の官能基も

反応に関与するため，それぞれに特異的で，かつ複雑な機構で反応が進行する．ここでは，酵素反応を理解するために単純化したモデル酵素を想定して，触媒反応の進行過程をみていこう．

モデル酵素は，Zn^{II} を活性中心にもつプロテアーゼとする（図3.9）．この酵素では，Zn^{II} にタンパク質の3個のヒスチジン（His）残基のN原子が配位し，さらに4番目の配位座は H_2O で占められているものとする．

① 酵素は，基質分子の構造を認識して基質と結合する．また，Zn^{II} に配位した H_2O は活性化を受け，OH^- への解離が促進する（図(a)）．

② Zn^{II} に配位した OH^- はカルボニル炭素のすぐ近くに位置しており，カ

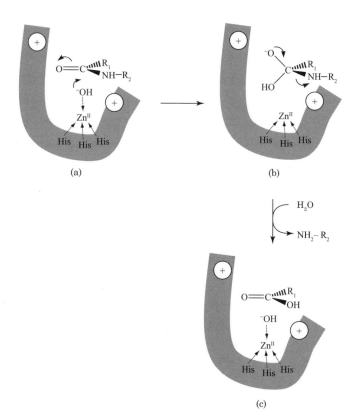

図 3.9 仮想的亜鉛酵素によるペプチド結合の加水分解．
点線の矢印は配位結合を示す．

90   3 加 水 分 解

ルボニル炭素に求核付加反応を行う（図 3.9(a)）．このように反応中心と反応基が同一の分子複合体中において，空間的に近接した位置に存在していることが酵素反応の特徴である．このような反応は分子内反応といわれ，活性化エネルギーが小さく反応が進行しやすい（Box 3.3）．

Box 3.3

分子内反応の有利性

　一般に酵素反応は，分子内反応であるため反応が有利に進行する．その理由を，図 3.9 に示した酵素反応と，Zn^{II} のアクア錯体による加水分解反応とを対比しながら考えてみよう．一般に，化学反応が進行するには，反応原系から反応生成系に至る過程に存在するエネルギー障壁を越える必要がある．このエネルギーの大きさは，活性化ギブズエネルギー $\Delta G^{\ddagger}$ といわれ，反応原系と遷移状態間のエンタルピーの差（$\Delta H^{\ddagger}$）とエントロピーの差（$T\Delta S^{\ddagger}$）を用いて，

$$\Delta G^{\ddagger} = \Delta H^{\ddagger} - T\Delta S^{\ddagger} \qquad\qquad (B3.3\text{-}1)$$

で与えられる（1.4 節参照）．ここで，Zn^{II} のアクア錯体による加水分解と酵素による加水分解の違いを考えてみよう．特定の基質分子に注目すると，水和イオン単独による反応では，このイオンに含まれる OH^- はこの基質の周りを自由に回転しながら動き回っている．このことは，水和イオンは自由度が大きいことを意味しており，このイオンが基質分子のカルボニル炭素に対して求核攻撃を行うには，基質のカルボニル炭素の近くで特定の方向を向く必要がある．すなわち，水和イオンは自由度を失って，秩序が生じたことを示していて，大幅なエントロピーの減少が必要になる．一方，金属酵素では，Zn^{II} に配位した H_2O はすでに束縛された状態にあるため，その自由度は限定されている．すなわち，遷移状態に至る過程でのエントロピーの減少は限られたものになる．要するに，最初の溶液内を自由に運動している求核試薬と酵素内で構造を保ったままでいた求核試薬との自由度の差の分だけ分子内触媒ではエントロピーが大きいといえる．このことは，式(B3.3-1) で示されるように，Zn^{II} 酵素では活性化エネルギー $\Delta G^{\ddagger}$ が Zn^{II} のアクア錯体の場合と比べて小さくなることを示している．

③ ペプチド結合のカルボニル炭素は sp^2 混成軌道をとっており，カルボニ
ル酸素，カルボニル炭素，カルボニル炭素に結合した C 原子およびアミ
ド基の N 原子（アミド窒素）は同一平面内にある．一方，OH^- の求核付
加反応で生じた四面体中間体は，この反応中心の C 原子が sp^3 混成軌道
をとるため，この過程で基質分子の立体構造の変化が必要になる．このと
きカルボニル基の共有電子対はカルボニル酸素の非共有電子対として移動
するため，カルボニル酸素に負電荷が生じる．このように電荷が単独で存
在した状態はエネルギーが高く反応の進行に不利にはたらく．しかし，図
の左上に示した正電荷のように，酵素内の適切な位置に金属イオンあるい
は正電荷をもつアミノ酸残基が存在していると，この電荷はカルボニル酸
素の負電荷とイオン結合を形成することでエネルギーを減少させる．つま
り，活性化ギブズエネルギーの低下につながる（図3.9(b)）．

④ ペプチド結合の開裂のさい，アミド窒素の近傍に金属イオンあるいは正
電荷をもったアミノ酸残基が存在すると，脱離基の塩基性度が弱まり分解
が進行しやすくなる．図(b) では右下の正電荷がこの役割を担っている．

⑤ 脱離基が放出された後，H_2O が加わり，反応が完結する（図(c)）．

3.4 加水分解酵素の例

3.4.1 カルボキシペプチダーゼ A

カルボキシペプチダーゼ A は，ペプチドのカルボキシ末端（carboxy termi-
nal）に存在する芳香族あるいは疎水性アミノ酸残基を認識して，そのペプチド
結合を加水分解する酵素である．ウシ膵から単離されたカルボキシペプチダーゼ
A は，分子量 34 500 のポリペプチドで，活性中心には 1 個の Zn^{II} が存在してい
る．この Zn^{II} は，Glu-72 のカルボキシ基および His-69 と His-196 のイミダ
ゾール窒素とが図 3.10 に示すような配位結合を通してアポ酵素（apoenzyme）
と結合している．この酵素による加水分解反応を順を追ってみていこう．

① Zn^{II} にはアミノ酸残基のほかに 1 個の H_2O が配位しており，またこの
H_2O の H 原子は Glu-270 の側鎖のカルボキシ基の O 原子と水素結合を
形成している（図(a)）．この配位水は，Zn^{II} による電子求引性効果と

92   3 加水分解

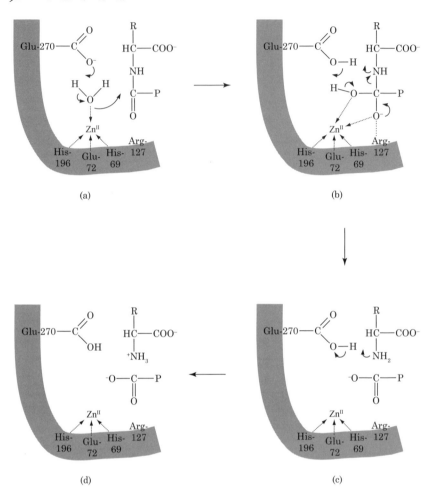

図 3.10 カルボキシペプチダーゼAによるペプチド結合の加水分解.
点線の矢印は配位結合を示す.

Glu-270 の側鎖との水素結合により H^+ の解離性が高まっている.その結果,この H_2O の pK_a は 6.1 とかなり小さな値を示すようになる.つまり,反応溶液の pH が 7.0 のときには 89% の H_2O が OH^- として存在し,求核性が上昇している.

② 酵素分子には疎水性のポケットが存在し,ここに基質のカルボキシ末端

にある疎水性アミノ酸残基が結合する．Zn^{II} に配位した H_2O が OH^- を生じる過程で Glu-270 の側鎖のカルボキシ基は H^+ 化される．生じた OH^- は，基質のカルボキシ末端のペプチド結合の近くに存在し，カルボニル炭素に求核攻撃を行う（図 3.10(b)）．OH^- が基質分子に付加すると，四面体中間体が形成される．この生成過程では負電荷をもつ O 原子が Zn^{II} と Arg-127 の正電荷との間でイオン結合を形成し，活性化状態が安定化される（図(b)）．Glu-270 に付加した H^+ はカルボキシ末端のアミノ酸のアミノ基の N 原子（アミノ窒素）に結合し，この塩基性を弱めることでペプチド結合の開裂を促進する（図(b)）．なお，この過程で Zn^{II} の配位構造は四配位から五配位へと変化する．Zn^{II} は $3d^{10}$ の電子配置をもつので，錯体の生成において配位子場安定化エネルギーが生じない．このため，Zn^{II} は特定の配位構造を優先的にとる傾向が小さく，また配位構造の変化による活性化エネルギーが低い．したがって，このような変化が容易になっている．

③　四面体中間体の OH 基から H^+ が Glu-270 のカルボキシ残基に移動する（図(b)）．この H^+ は，ペプチド結合の分解とともに解離したアミノ酸のアミノ基を H^+ 化し（図(c)），加水分解が完結する（図(d)）．

3.4.2　アルカリホスファターゼ

アルカリホスファターゼはアルカリ性ホスファターゼともいわれ，細菌から高等生物に広く存在している．リン酸モノエステル結合を加水分解するもので，その最適 pH はアルカリ性側にある．ここでは，大腸菌由来のアルカリホスファターゼの反応機構について述べよう．

①　酵素の活性部位には Zn^{II} が 2 個存在している．これを Zn^{II}_A，Zn^{II}_B としよう．Zn^{II}_A には Asp-327 の O 原子，His-331 と His-412 の N 原子が配位し，さらに H_2O が 1 個配位している．Zn^{II}_B には Asp-51 と Asp-369 の O 原子，His-370 の N 原子，ならびに H_2O が 1 分子結合している．また，この Zn^{II} には Ser-102 の O 原子が結合しており，その結果セリン (Ser) の OH 基の解離が促進されている（図 3.11(a)）．

②　基質のリン酸モノエステル（$ROPO_3$）が H_2O と置換する．基質のエス

94   3 加水分解

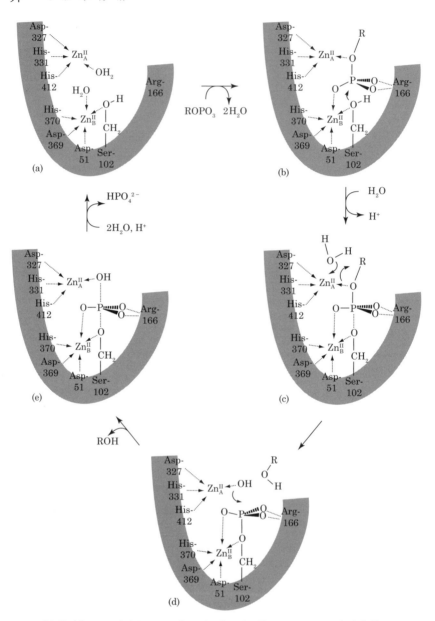

図 3.11 アルカリホスファターゼによるリン酸モノエステルの加水分解. Asp はアスパラギン酸残基, His はヒスチジン残基, Ser はセリン残基を示す. また, 点線の矢印は配位結合, 点線は弱い結合を示す.

テル基の O 原子（エステル酸素）は Zn^{II}_A に，またリン酸基の O 原子は Zn^{II}_B に結合する．リン酸基の残りの O 原子は，Arg-166 の正電荷との間でイオン結合を形成する．これらの結合は，リン酸基の P 原子の電子不足性を増大させる効果がある．このリン酸基のエステル酸素の反対側から Zn^{II}_B との結合で活性化された Ser-102 の OH 基の O 原子が求核攻撃を行う（図 3.11(b)）．

③ P 原子を中心にした三方両錐型の中間体が形成される．Zn^{II}_A に H_2O が配位し，H^+ が解離する．この H^+ に対して Zn^{II}_A と O 原子間の電子対が移動し，アルコール（ROH）が生成する（図(c)）．

④ Zn^{II}_A に配位していた OH が Ser-102 と逆方向から P 原子を求核攻撃する．ここで，Zn^{II}_B はリン酸基の O 原子に結合することで，P 原子の電子不足性を増加させている（図(d)）．

⑤ アルコールの離脱後，ふたたび三方両錐型の中間体が形成される（図(e)）．

⑥ リン酸水素イオンが H_2O と置換し，休止状態に戻る（図(e)～(a)）．

4 電子伝達

　電池の正極（positive electrode）と負極（negative electrode）の間にモーターの端子を接続すると，負極に存在する電子がモーターを経て正極に移動し，モーターが駆動する．これは，負極の電子は正極に存在しているときよりもエネルギーが高く，モーターの駆動はこのエネルギー差が力学的仕事に変換されたからである．一方，負極で生じた電子をモーターを介さずに，適当な抵抗を通して正極に移動させることもできる．しかし，このときにはエネルギーが熱として放出されるだけである．つまり，エネルギーを熱エネルギー以外の形で取り出すには，電子を適切な"装置"へと導入しなけらばならない．電子を伝える，適切な経路が必要となる．

　動物が行う呼吸は，概略は酸素分子による糖の酸化である．電子の動きという観点からは，糖から生じた電子が酸素分子に受容されたものと理解される．この過程を単なる燃焼反応で行うと，熱エネルギーしか得られない．しかし，電子を呼吸鎖といわれる一連の分子を通していくと，アデノシン三リン酸（adenosine triphosphate，ATP）としてエネルギーを貯蔵することができる．これには，モーターの駆動と同様に電子を伝達する分子の存在が必要となる．生物内での電子伝達は主として金属タンパク質が行っている．ここではこれらのタンパク質の式量電位を決定する構造学的要因について解説しよう．電子伝達は，呼吸（respiration）や光合成（photosynthesis）などの過程のなかでの重要な機構の一つであり，これらについても説明する．

98   4 電子伝達

4.1 電子伝達の機構と意義

物質 A の還元型（A_{red}）が物質 B の酸化型（B_{ox}）を還元し物質 A の酸化型（A_{ox}）と物質 B の還元型（B_{red}）となる反応を考えよう．

$$A_{red} + B_{ox} \longrightarrow A_{ox} + B_{red} \tag{4.1}$$

この反応を生じさせるには，A_{red} を含む溶液と B_{ox} を含む溶液を混合すればよい．

Box 4.1

H^+ の移動による膜電位の形成

図 B4.1-1 に示した脂質二重膜で囲まれた構造体を考えよう．膜は疎水性が高く H^+ を透過しない．図(a)では構造体の内外の H^+ 濃度が等しく，また膜電位は存在しないものとする．この状態から構造体の内側の H^+ をポンプでくみ出すと，H^+ 濃度を外側と内側でそれぞれ $[H^+]_o$ と $[H^+]_i$ とすることができる（図(b)）．この過程では正電荷の H^+ が内側から外側に移動したため，膜の外側では正電荷が，内側では逆に負電荷が蓄積する．これは図(c)に示したキャパシタ（コンデンサー）の蓄電と同等に考えることができる．つまり，H^+ が膜の内側から外側にくみ出されることは，直流電源を用いてキャパシタの一方の端子に正電荷 q/C を移動させることに等しい．電流が一方向に流れるので，もう一方の端子では負電荷 $-q/C$ が生じる．キャパシタの静電容量を c/F とすると，キャパシタの両端には式(B4.1-1)で示される電位差 ϕ/V が生じる．

$$\phi = q/c \tag{B4.1-1}$$

膜でできた構造体の場合も，H^+ のくみ出しにより外側に電荷 q/C が移動すると，膜電位が生じる．膜のもつ静電容量を c/F とし，膜の外側の電位を基準にとると，膜の内側の電位 ϕ/V は，

$$\phi = -q/c \tag{B4.1-2}$$

となる．

混合により，A_{red} と B_{ox} が近づき電子の移動が可能になる．別の方法として，電子伝達体を用いることでも反応させることができる．酸化還元反応は分子間の電子の移動反応であることに注意し，また，簡単のため A，B とも分子 1 mol 当たりで電子が 1 mol 移動するとすると，反応(4.1)は反応(4.2)に示したように電子の供与と受容との反応に分けることができる．

$$A_{red} \longrightarrow A_{ox} + e^-$$
$$B_{ox} + e^- \longrightarrow B_{red} \tag{4.2}$$

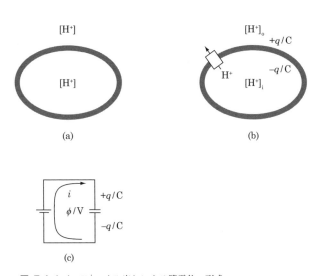

図 B4.1-1 H^+ のくみ出しによる膜電位の形成．
二重膜の内外の H^+ 濃度が等しいとき，膜の両側には電位差は存在しない (a)．H^+ をポンプで膜の外側にくみ出したとき，膜の内側は外側に対して負の電位をもつ (b)．H^+ を膜の外側にくみ出したときと等価な回路 (c)．H^+ の膜の外側へのくみ出しは膜の外側への電荷の移動 (電流 i) と等しい．二重膜をキャパシタとみることができるので，その両極には $+q$ と $-q$ の電荷が蓄積し，電位 ϕ が生じる．

つまり，A_{red} から生じた電子を電子伝達体を通して B_{ox} に移動させれば，同一の反応を進行させることが可能となる．

ここで，細胞の外側に酸化還元対 A_{ox}/A_{red} が，また内側に酸化還元対 B_{ox}/B_{red} が細胞膜で隔てられており，両方の酸化還元対の間には X^1_{ox}/X^1_{red}, X^2_{ox}/X^2_{red}, ……, X^n_{ox}/X^n_{red} と，一連の酸化還元対が電子伝達系として細胞膜内に配置されているものとしよう（図4.1）．式量電位が，A_{ox}/A_{red}, X^1_{ox}/X^1_{red}, X^2_{ox}/X^2_{red}, ……, X^n_{ox}/X^n_{red}, B_{ox}/B_{red} の順で高くなっていると，A_{ox}/A_{red} で生じた電子は，電子伝達系を構成している酸化還元対の還元反応と酸化反応が順次進行することで B_{ox}/B_{red} に移動してくる．つまり，反応(4.1)が進行したことになる．このとき，電子伝達系がたんに電子を移動させるだけであるならば，前述したとおり反応で生じるエネルギーは熱として放出されるだけである．しかし，電子伝達系のなかに特別な機能，たとえば電子の移動にともない，細胞膜を隔てた H^+ のくみ出し機能が存在しているならば，反応(4.1)の進行により H^+ がある方向に移動する．これにより生じた H^+ 濃度の不均衡はエネルギー的に高い状態にある．つまり，酸化還元反応で放出されるギブズエネルギーが，H^+ 濃度の不均衡と膜電位（membrane potential）の形成に変換されたことになる（pp.98〜99 の Box 4.1）．

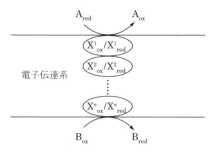

図 4.1 空間的に離れた場所における酸化還元反応．
A_{red} から放出された電子は，X^1_{ox}/X^1_{red}, X^2_{ox}/X^2_{red}, ……, X^n_{ox}/X^n_{red} の酸化還元対からなる電子伝達系を経て B_{ox} に渡される．

4.2 電子伝達体の種類

電子伝達体として機能するには，生物内という条件のもとで酸化反応と還元反応を繰り返す必要がある．極端に還元力の強い物質は，ほかの物質を還元して自身は酸化型となり安定化するために電子伝達体にはなり得ない．また，逆に酸化力の強い物質も同様である．すなわち，適度な酸化還元電位を有する必要がある．このような物質には，低分子量の有機化合物ならびに金属タンパク質がある．

4.2.1 低分子量有機化合物

a. NADH と NADPH

ニコチンアミドアデニンジヌクレオチド（nicotinamide adenine dinucleotide）は，還元型が NADH，酸化型が NAD^+ と略記される．構造は，アデノシン一リン酸（AMP）のアデニンがニコチンアミドに置換した分子と AMP とがホスホジエステル結合を形成したものである（図 4.2）．類似の化合物にニコチンアミドアデニンジヌクレオチドリン酸（nicotinamide adenine dinucleotide phosphate）がある．これは，NADH の AMP 部位にあるリボースの 2 位 OH 基が

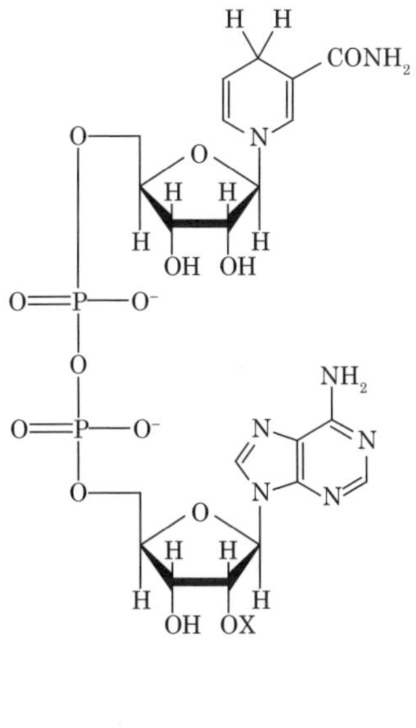

図 4.2 NADH と NADPH の構造.
NADH では X が H，NADPH では X が PO_3^{2-} となる.

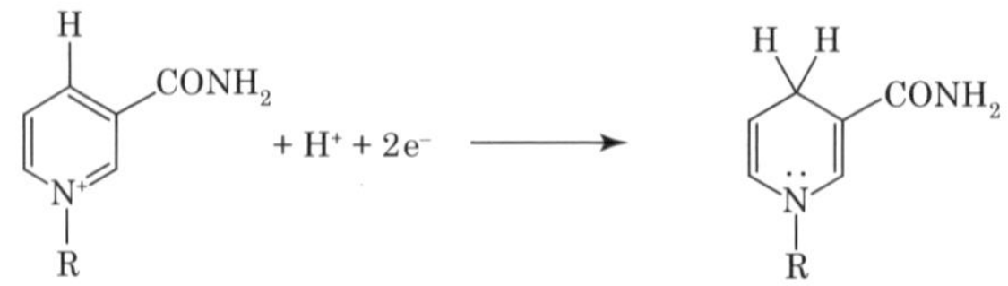

102　4 電 子 伝 達

図 4.3　NAD$^+$ と NADP$^+$ の還元反応.
　　　　R は NAD$^+$ あるいは NADP$^+$ からニコチンアミド部位を除いた
　　　　部分構造を示す.

リン酸化されている点が異なっているだけである. 還元型は NADPH, 酸化型
は NADP$^+$ と略記される. ピリジン環の N 原子に $+1$ の形式電荷があるため
NAD$^+$ あるいは NADP$^+$ と, "$^+$" の添え字をつけて表される. 還元型ではこの形
式電荷は存在しない. 生物内では, NADH はエネルギー代謝において, また
NADPH は生体物質を合成するための還元剤として機能している.

　酸化還元反応はニコチンアミドの部分で行われる (図 4.3). NAD$^+$ (あるい

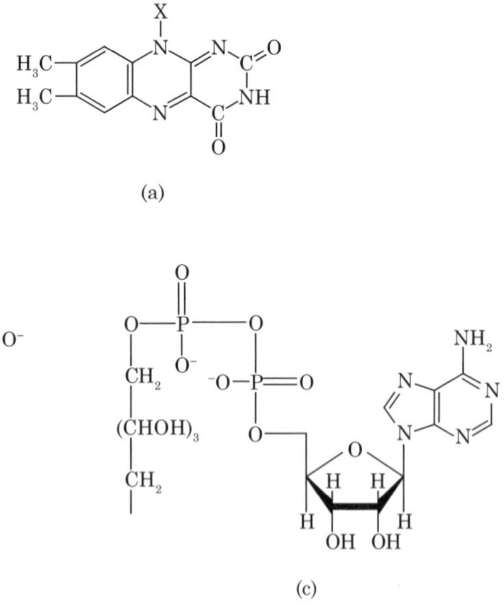

(a)

(b)　　　　　　　　　　　　　(c)

図 4.4　FMN と FAD の構造.
　　　　7,8-ジメチルイソアロキサジン (a) の X は, FMN では (b), FAD では (c)
　　　　の構造となる. なお, (b), (c) には, 7,8-ジメチルイソアロキサジンとの共
　　　　有電子対も含めて示す.

は NADP$^+$）は二電子還元を受け NADH（あるいは NADPH）に変換される．NAD$^+$の還元反応では，

$$NAD^+ + H^+ + 2e^- \longrightarrow NADH \tag{4.3}$$

が示すように，1個の H$^+$が NAD$^+$に付加する．実際には，アルコールデヒドロゲナーゼによるエタノールの酸化反応からわかるように，基質分子は電子2個と H$^+$ 2個を放出するが，この H$^+$のなかの1個は NAD$^+$と結合するため反応全体では，反応(4.4) で示すように1個の H$^+$が放出される．

$$CH_3CH_2OH + NAD^+ \longrightarrow CH_3CHO + NADH + H^+ \tag{4.4}$$

b. FMN と FAD

フラビンモノヌクレオチド（flavin mononucleotide, FMN）とフラビンアデニンジヌクレオチド（flavin adenine dinucleotide, FAD）では，7,8-ジメチルイソアロキサジン（図 4.4(a)）が酸化還元反応の機能を担っている．この環構

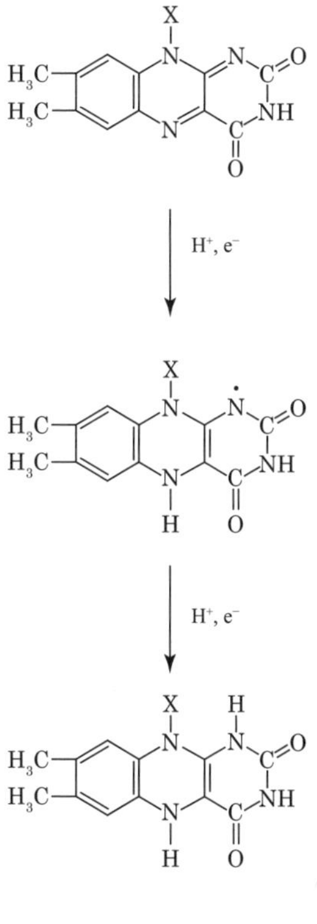

図 4.5 FMN あるいは FAD の還元反応．
X は図 4.4 を参照．

104　4 電 子 伝 達

造から伸びる X がリビトールとリン酸（図 4.4(b)）であるものを FMN という.
X が，リビトールとリン酸に AMP のリン酸基がホスホジエステル結合した原子
団（図(c)）のとき FAD となる. 酸化型，還元型を明確に示すときは，それぞ
れ FMN，FMNH$_2$ あるいは FAD，FADH$_2$ のように略記する.

　酸化還元反応によりイソアロキサジン環は図 4.5 のように変化する. FMN を
例として示すと，FMN が電子と H$^+$ を 1 個ずつ受け取るとセミキノン型の
FMNH・ラジカルとなる. このラジカルはさらに電子と H$^+$ を 1 個ずつ受け取り
還元型の FMNH$_2$ となる. 不対電子が存在するセミキノン型ラジカルが比較的
安定なため，ここで示した 1 電子ずつの還元反応が可能となっている.

　FAD も同様にセミキノン型ラジカルが比較的安定なため，一電子反応と二電
子反応の両方を行うことができる.

c.　ユビキノンとプラストキノン

　ユビキノン（ubiquinone）とプラストキノン（plastoquinone）はキノン誘導
体で，長鎖のイソプレノイド基を共通にもっている（図 4.6）. ユビキノンは呼

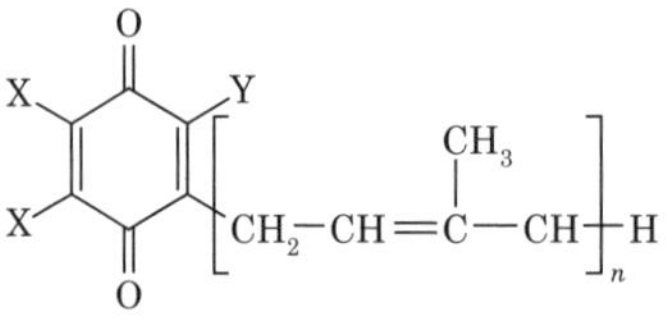

図 4.6　ユビキノンとプラストキノンの構造.
ユビキノンは，X が CH$_3$O，Y が CH$_3$，
$n = 1 \sim 12$，プラストキノンは，X が
CH$_3$，Y が H，$n = 9$ となる.

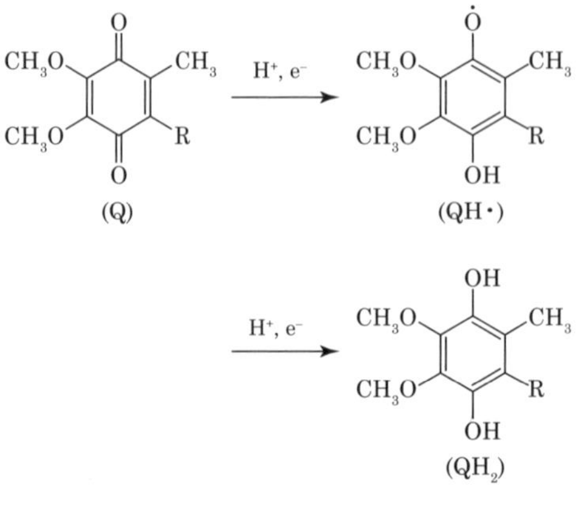

図 4.7　キノン骨格の還元反応.

吸での，またプラストキノンは光合成での電子伝達の機能を担っている．酸化還元反応はキノン骨格で行われる．図 4.7 に示したように，酸化型ユビキノン（Q）が電子 1 個と H^+ 1 個を受け取りセミキノンラジカル（semiquinone radical, QH・）に，さらにセミキノンラジカルが電子 1 個と H^+ 1 個を受け取ってキノール誘導体（QH_2）に還元される．キノン類もセミキノンラジカルが安定なため，一電子反応と二電子反応の両方を行うことができる．Q，QH・，QH_2 とも疎水性が高いため，生体膜に溶解しそのなかで移動することができる．

4.2.2 金属タンパク質

電子伝達にかかわる金属タンパク質には，Fe あるいは Cu が含まれている．Fe では Fe^{II} と Fe^{III} 間の，また Cu では Cu^I と Cu^{II} 間の変換を用いて電子の供与と受容を行う．Fe が酸化還元中心を構成するタンパク質には鉄‒硫黄クラスター（iron-sulfur cluster）をもつ鉄‒硫黄タンパク質とヘム鉄（heme iron）をもつシトクロム（cytochrome）が存在する．また，Cu が酸化還元中心となるタンパク質にはブルー銅タンパク質（blue copper protein）が知られている．

a. 鉄‒硫黄タンパク質

鉄‒硫黄タンパク質には鉄‒硫黄クラスターが補因子として存在する．鉄‒硫黄クラスターとは，Fe と硫化物イオン（S^{2-}）から形成されるもので，クラスターを構成する Fe と S^{2-} の個数で分類される．ここに含まれる S^{2-} は，強い酸性条件下では硫化水素として遊離してくる．

代表的な鉄‒硫黄クラスターを図 4.8 に示した．ルブレドキシン（rubredoxin）の酸化還元中心（図(a)）は S^{2-} を含まないが，構造的な類似性のため鉄‒硫黄クラスターに分類される．Fe にはシステインのチオラート（S^- 基）が四面体型に配位している．S^{2-} を含む鉄‒硫黄クラスターはフェレドキシン（ferredoxin）とよばれる．これには，Fe と S^{2-} を 2 個ずつ含む［2Fe-2S］型（図(b)），Fe と S^{2-} を 4 個ずつ含む［4Fe-4S］型（図(c)）などがある．［2Fe-2S］型では，両方の Fe にはそれぞれシステイン残基のチオラートが 2 個配位し，さらに S^{2-} 2 個が両方の Fe を架橋している．両方の Fe イオンともひずんだ四面体型構造をとる．［4Fe-4S］型では，Fe イオンと S^{2-} が立方体の各頂点を互い違いに占めており，Fe にはさらにシステイン残基のチオラートが 1 個ずつ配位している．

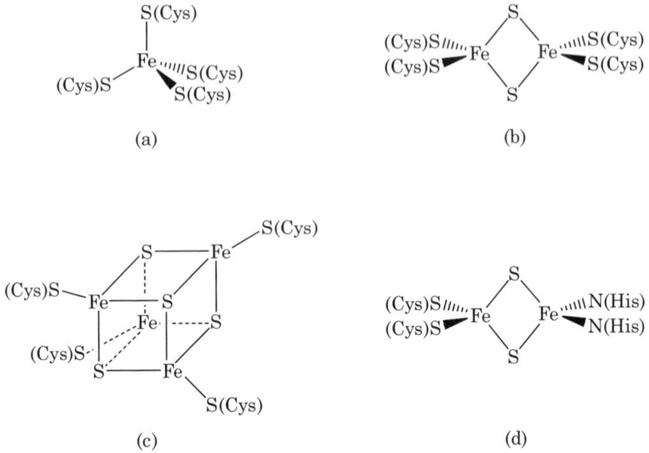

4 電子伝達

S(Cys)
|
(Cys)S—Fe\\\\\\S(Cys)
S(Cys)

(a)

S
(Cys)S\\\\\   //   \\\\\S(Cys)
(Cys)S   Fe   Fe   S(Cys)
\\   //
S

(b)

S(Cys)
S———Fe
(Cys)S—Fe———S
Fe———S
(Cys)S·
S———Fe
S(Cys)

(c)

S
(Cys)S\\\\\   //   \\\\\N(His)
(Cys)S   Fe   Fe   N(His)
\\   //
S

(d)

図 4.8 鉄-硫黄クラスターの例.
ルブレドキシン（a），［2Fe-2S］型フェレドキシン（b），［4Fe-4S］型フェレ
ドキシン（c）とリスケ鉄-硫黄タンパク質（d）.
S(Cys) はシステイン残基の S 原子，S は硫化物イオン，N(His) はヒスチジン
残基の N 原子を示す.

このときも Fe は四配位で，ひずんだ四面体型構造をとっている．酸化還元中心
がシステイン残基以外で構成される鉄-硫黄タンパク質も存在する．これは，リ
スケ鉄-硫黄タンパク質（Rieske iron-sulfur protein）といわれるもので，
［2Fe-2S］型のフェレドキシンの一方の Fe に配位するシステインのチオラート
がヒスチジン残基の N 原子に置き換わった構造となっている（図4.8(d)）.

b. シトクロム類

　シトクロムは補因子としてヘムを含む電子伝達タンパク質である．ヘムを構成
成分とするタンパク質（ヘムタンパク質）は多種類存在していて，その機能も多
様である．これらのなかで電子伝達を行うものをシトクロムという.

　ヘムは，Fe にポルフィリン（porphyrin）が配位した金属錯体で，ポルフィ
リンの四つの N 原子が平面状に配位する（図4.9(a)）．ポルフィリンを構成する
N 原子の2個には H 原子が結合していて，この H 原子は錯体の生成で H^+ とし
て遊離してくる．そのため，ポルフィリンは二価陰イオンの配位子として機能す
る．形式的には H^+ と結合していなかった N 原子は，その非共有電子対を用い

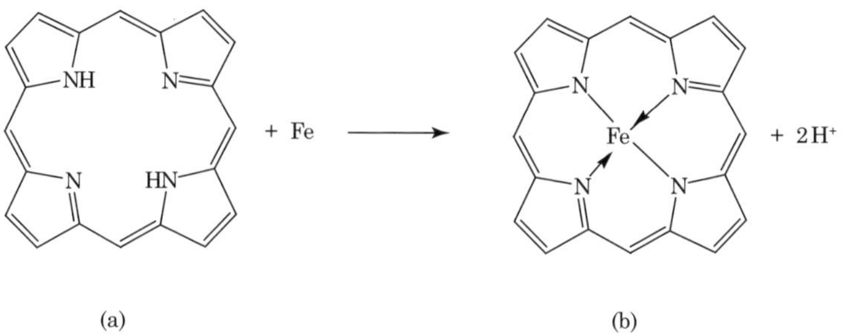

4.2 電子伝達体の種類　107

(a)　　　　　　　　　　　　　(b)

図 4.9 ポルフィリンと鉄の結合.
ポルフィリンの2個のN原子はプロトン化しており，Feとの錯体の生成では
二価陰イオンとなる．プロトンが結合していなかったN原子とFeとの結合
は，矢印で示したように形式的にはN原子上の共有電子対がFeイオンに配
位している．図では，ポルフィリン骨格だけを示す．

てFeに配位結合を形成するので，この結合は矢印で示される[*1]（図4.9(b)）．ヘ
ムは，ポルフィリン環の側鎖への化学修飾，あるいはポルフィリン環の化学構造
の違いからいくつかの種類に分けられる．
　図4.10に代表的なヘムの構造を示した．ヘム b はプロトヘム（protoheme）
ともいわれ，プロトポルフィリンIX（protoporphyrin IX）にFeが結合したも
のである（図(b)）．プロトポルフィリンIXはポルフィリンのなかでもっとも単
純な化合物で，これをもとにほかのポルフィリン類が合成される．ヘム a はファ
ネシルヒドロキシエチル基とホルミル基をポルフィリン側鎖にもっている（図
(a)）．ヘム c は，タンパク質のシステイン残基にチオエーテル結合を介して結合
している（図(c)）．一般に，ヘムが a, b, c 型であるときのシトクロムは，それ
ぞれシトクロム a, b, c となる．
　一般に，酵素などに含まれるヘムタンパク質では基質分子がFeに配位する必
要があるためFeは五配位の構造をとることが多い．しかし，シトクロム類は電
子の授受だけを行うため，ヘム部位に基質分子の結合は必要ではない．このため
いくつかの例外を除くとFeは六配位の構造をとっている．Feの配位座のなか
の四つはポルフィリン環のN原子で占められ，このN原子がつくる平面に対し

---

　*1　この表記法は必ずしも守られているわけではなく，直線で示されることもある．

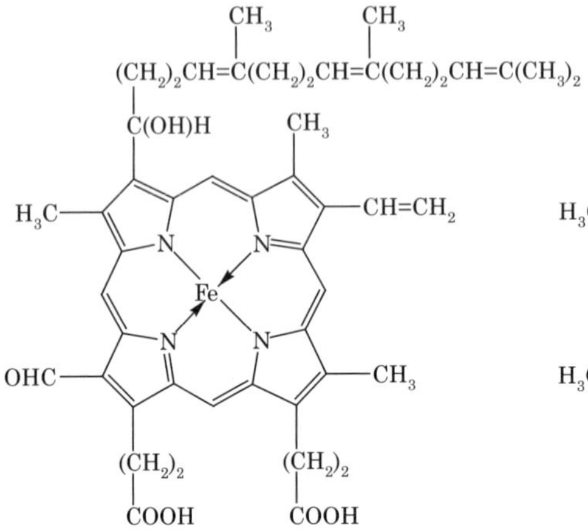

(a)

CH$_3$
　　　　CH$_3$
$(CH_2)_2CH=C(CH_2)_2CH=C(CH_2)_2CH=C(CH_3)_2$

C(OH)H
　　　　　　CH$_3$

H$_3$C
　　　　　　　　　　　CH=CH$_2$

N　　N

Fe

N　　N

OHC
　　　　　　　　　　CH$_3$

$(CH_2)_2$　　$(CH_2)_2$
COOH　　COOH

(a)

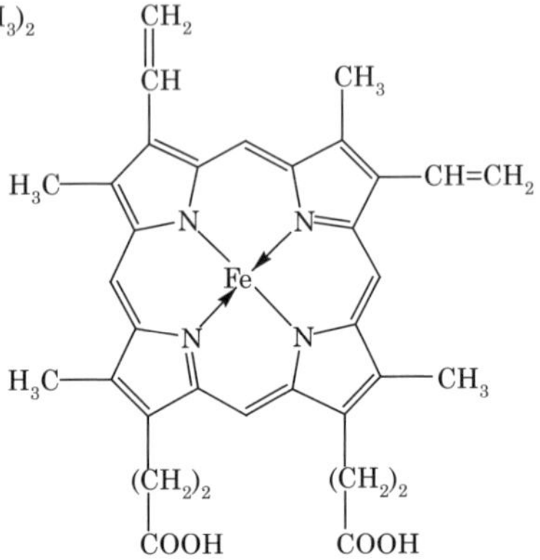

(b)

CH$_2$
CH

H$_3$C
　　　　　　　　CH$_3$

　　　　　　　　CH=CH$_2$

N　　N

Fe

N　　N

H$_3$C
　　　　　　　　CH$_3$

$(CH_2)_2$　　$(CH_2)_2$
COOH　　COOH

(b)

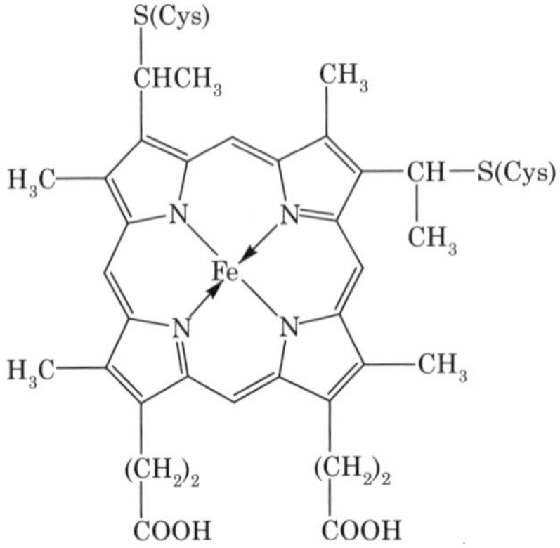

(c)

S(Cys)
CHCH$_3$
　　　　　CH$_3$

H$_3$C
　　　　　　　　CH—S(Cys)
　　　　　　　　CH$_3$

N　　N

Fe

N　　N

H$_3$C
　　　　　　　CH$_3$

$(CH_2)_2$　　$(CH_2)_2$
COOH　　COOH

(c)

図 4.10 代表的なヘムの構造.
ヘム a (a), ヘム b (b) とヘム c (c).

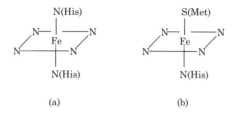

図 4.11 シトクロム類の構造.
N はポルフィリンの N 原子, N(His) はヒスチジン残基の N 原子, S(Met) はメチオニン残基の S 原子を示す. (a) では 5 番目と 6 番目の配位座にヒスチジンの N 原子が配位し, (b) では 5 番目の配位座にヒスチジンの N 原子, 6 番目の配位子にメチオニンの S 原子が配位している.

て垂直方向 (軸方向) に 5 番目と 6 番目の配位座がある. 5 番目の配位座はヒスチジン残基の N 原子が占めており, 6 番目の配位座には, シトクロム b ではヒスチジン残基の N 原子 (図 4.11(a)), またシトクロム c ではメチオニン残基の S 原子 (図 (b)) となる.

c. ブルー銅タンパク質

Cu を含むタンパク質では, Cu に対する配位構造に基づき type 1 から type 3 まで分類される. type 1 はここで述べるブルー銅タンパク質で, 単核の Cu を含む. type 2 も単核の銅中心をもち, ガラクトースオキシダーゼやフェロオキシダーゼ (セルロプラスミン) の活性部位を構成している. type 3 は複核の Cu をもち, O_2 との結合にはたらいている. 5.2.1 項で述べるヘモシアニンに含まれ, O_2 との可逆的な結合を行うことで酸素運搬体となる. O_2 と結合して基質から電子を O_2 に移動させることができるタンパク質もあり, これはカテコールオキシダーゼなどの酸化酵素の構成要素となっている. Cu を含むタンパク質には複数の type の銅中心を含むものが多く, これらはマルチ銅タンパク質といわれる.

ブルー銅タンパク質では, 二つのヒスチジン残基に由来する N 原子 2 個とシステイン残基のチオラートが三角形の頂点を占め, Cu に対して平面的に配位している. この平面に対して鉛直線上の位置に 4 番目の配位座がある. 配位原子は, メチオニン残基の S 原子あるいはグルタミンの N 原子となる. この配位原子は Cu との結合距離が長く, ほかの三つの配位原子と比べると結合は弱い

110　4 電子伝達

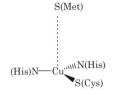

図 4.12　ブルー銅タンパク質の構造.
N(His) はヒスチジン残基の N 原子, S(Cys) はシステイン残基の S 原子, S(Met) はメチオニン残基の S 原子を示す. 点線は弱い結合を示す.

(図 4.12). Cu は, Cu^{I} と Cu^{II} 間の変換を通して電子を伝達する. このタンパク質の名称ともなっている特徴的な濃い青色は, システインの S 原子から酸化型タンパク質の Cu^{II} への電荷移動により生じる光の吸収によるものである.

4.3　金属タンパク質の式量電位

　一般に, 半反応の電子受容の傾向を表すには標準電極電位という物理量が用いられる. これは, 反応にかかわるすべての物質の濃度が $1\ \mathrm{mol\ L^{-1}}$ という条件における電極電位と定義され, 通常の化学反応では反応の方向を推定するための重要な指標となっている.

　一方, タンパク質が関与した生化学反応になると状況が変わってくる. 標準電極電位の定義にしたがうと, 反応のなかに H^{+} が関与しているときには pH が 0 という条件での電位を与えなくてはならない. 当然ながらこのような条件ではタンパク質の分子構造そのものが変化してしまい不都合が生じる. そのために, 生化学反応では pH が 7.0 で, そのほかの電極溶液の構成成分の活量を 1 としたときの電極電位を式量電位 (formal potential) $E^{o\prime}$ と定義している. これは条件づき電位 (conditional potential) ともいわれる. これを用いることで, pH が 7.0 のときの反応の方向を議論することができる.

　生物内で電子は式量電位の低い電子伝達体から高い電子伝達体へと流れていく (Box 4.2). 金属タンパク質の電子伝達は, 鉄タンパク質では Fe^{II} と Fe^{III} 間の, 銅タンパク質では Cu^{I} と Cu^{II} 間の変換で生じる. これらのイオンの水溶液から構成される酸化還元対の標準電極電位はアクア錯体が示す電極電位として知られているが, タンパク質の式量電位はこの値とはかけ離れている. この理由は, 酸化還元中心, すなわちタンパク質内部で電子の授受を行う金属とその配位した部

Box 4.2

式量電位と電子伝達

電子伝達体の間では，電子は電極電位が低い電子伝達体から高い電子伝達体へと移動する．半反応，

$$A_{ox} + e^- \longrightarrow A_{red} \tag{B4.2-1}$$

の電極電位は，電子伝達体の式量電位 $E^{\circ\prime}$ を用いて，

$$E = E^{\circ\prime} - \frac{RT}{F} \ln \frac{[A_{red}]}{[A_{ox}]} \tag{B4.2-2}$$

で与えられる．この式をみると，酸化型と還元型の濃度が変わると電極電位も変化することがわかる．つまり，電子の移動方向も変わってしまうことになる．

ここで，電子伝達を行っている特定の電子伝達体に注目しよう．電子が滞りなく流れていくためには，この酸化還元体の酸化型が電子を受け取ると同時に生じた還元体がつぎの電子伝達体の酸化型へ電子を渡す必要がある．このとき，酸化型と還元型の濃度は見掛け上，変化がない定常状態にあるとみなすことができる．このような状況での電子伝達では，酸化型と還元型の濃度がかけ離れていないほうが効率的である．たとえば，酸化型と還元型の濃度比が 1/10 であったとしよう．この場合，この電子伝達体のうち 1/11 だけが電子を受容することが可能であるが，残りの 10/11 は電子を受け取ることができない．一方，電子の放出の観点からは，10/11 が電子を放出することが可能な状態となっている．つまり，電子の放出は速いが受け取る速度は遅くなってくる．逆に，酸化型と還元型の濃度比が 10/1 であったとすると，電子の受容は速いが放出は遅くなる．電子伝達全体を考えると，律速となる過程を減らしたほうがより効率的になるといえる．このため酸化体と還元体の濃度比は 1 に近い値をとる必要があり，その結果，電子伝達体の示す電極電位は式量電位にほぼ等しくなるといえる．

112   4 電 子 伝 達

分がさまざまな物理化学的環境におかれており，この環境の変化が金属イオンの
式量電位を調節しているからといえる．また，このような式量電位の変化がある
からこそ，一連の式量電位をもつ電子伝達体を構成することが可能となってい
る．多くの種類の物理化学的要因がこの調節にかかわっているが，本項では，そ
のなかでももっとも寄与が大きい配位子による効果ならびに酸化還元中心への静
電的環境と誘電率による影響を述べよう．

4.3.1　配位原子と配位形式

　金属イオンの配位環境による電極電位の変化は，2.3.4 項で述べた．まとめる
と，配位子が酸化還元対の高酸化数側のイオンを安定化させるときには，酸化還
元対は電子放出の傾向を強めるため式量電位は低下する．逆に，配位子が低酸化
数側のイオンを安定化させるときには，酸化還元対は電子求引の傾向を強めるた
め式量電位は上昇する．ここではこの一般則を用いて，銅錯体の式量電位の変化
を解説する．

a.　配位原子

　Cu イオンに対して正方形型の配位構造をもつタンパク質の式量電位を考察し
よう（図 4.13）．一方のタンパク質では His の N 原子が 4 個配位しており，こ
れを $Cu\text{-}(His)_4^{sp}$ と記そう（図(a)）．もう一方のタンパク質は Met の S 原子 4
個が配位原子となっており，これを $Cu\text{-}(Met)_4^{sp}$ と記すことにする（図(b)）．
式量電位を議論するには対象となる酸化還元対を定義する必要がある．こ
れは $Cu\text{-}(His)_4^{sp}$ では $Cu^{II}\text{-}(His)_4^{sp}/Cu^{I}\text{-}(His)_4^{sp}$ であり，$Cu\text{-}(Met)_4^{sp}$ では
$Cu^{II}\text{-}(Met)_4^{sp}/Cu^{I}\text{-}(Met)_4^{sp}$ となる．簡単のため，それぞれのタンパク質，すな
わち，$Cu^{II}\text{-}(His)_4^{sp}$, $Cu^{I}\text{-}(His)_4^{sp}$, $Cu^{II}\text{-}(Met)_4^{sp}$, $Cu^{I}\text{-}(Met)_4^{sp}$ の 濃 度 は
$1\ mol\,L^{-1}$ とする．

　タンパク質 $Cu\text{-}(His)_4^{sp}$ とタンパク質 $Cu\text{-}(Met)_4^{sp}$ が，配位原子を除いた構
造が等しいとすると，配位原子の化学的性質が式量電位に影響を及ぼしてくるこ
とになる．たとえば $Cu\text{-}(His)_4^{sp}$ の場合を考えてみよう．HSAB 則では Cu^{II} は
中間の酸に，また Cu^{I} は軟らかい酸になる．一方，His は，N が配位原子とな
るため中間の塩基に分類される．このことは，酸化還元中心が中間の酸と塩基の
組合せから構成されている $Cu^{II}\text{-}(His)_4^{sp}$ は軟らかい酸と中間の塩基の組合せか

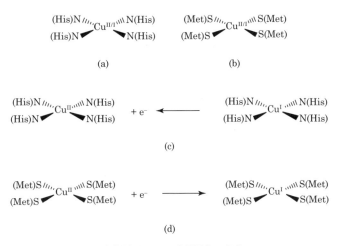

図 4.13 Cuイオンに対する配位原子による式量電位の変化.
N(His) はヒスチジン残基の N 原子, S(Met) はメチオニン残基の S 原子を示す. 錯体(a), (b) とも正方形型の配位構造をとっているが, 錯体(a) では His の N 原子が配位し, 錯体(b) では Met の S 原子が配位している. His が配位した錯体では Cu^{II} を安定化するため電子を放出する傾向にあり (c), Met が配位した錯体は Cu^{I} を安定化するために電子を求引する傾向が強い (d).

らなる Cu^{I}-$(His)_4^{sp}$ よりも安定(Cu^{II}-His の結合は Cu^{I}-His よりも強い)であることを意味している. すなわち, His は高酸化数の Cu^{II} を安定化するため, 酸化還元対 Cu^{II}-$(His)_4^{sp}$/Cu^{I}-$(His)_4^{sp}$ の式量電位はアクア錯体のときよりも低下する(図 4.13(c)). 一方の Cu-$(Met)_4^{sp}$ は, S が配位原子の Met は柔らかい塩基であるため柔らかい酸である Cu^{I} と安定な結合を形成する. つまり, 低酸化数の Cu^{I} を安定化するため酸化還元対 Cu^{II}-$(Met)_4^{sp}$/Cu^{I}-$(Met)_4^{sp}$ の式量電位は上昇することになる(図(d)). 以上より, Cu^{II}-$(Met)_4^{sp}$/Cu^{I}-$(Met)_4^{sp}$ の式量電位は Cu^{II}-$(His)_4^{sp}$/Cu^{I}-$(His)_4^{sp}$ のものよりも高くなることが理解できる.

b. 配位形式

金属イオンに対する配位形式も式量電位の決定要因の一つである. Cu^{II} は $3d^9$ の電子配置をとるため, 正方形型の配位形式をとる傾向にある. 一方, Cu^{I} は $3d^{10}$ の電子配置であるために配位子がどの配位形態をとっても配位子場安定化エネルギーはゼロである. このため互いの配位原子同士が離れた正四面体型が安

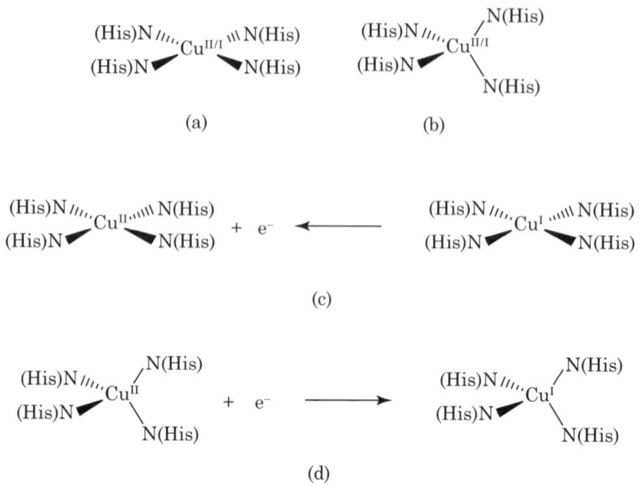

114　4 電 子 伝 達

図 4.14　配位構造による式量電位の変化.
N(His) はヒスチジン残基の N 原子を示す.
Cu に His の N が 4 個配位した錯体. (a) は正方形型, (b) は正四面体型の
配位構造をとる. Cu^{II} は正方形型の配位構造をとる傾向にあるので, 正方形
型錯体では電子を放出する傾向にあり (c), Cu^{I} は正四面体型の配位構造を
とる傾向にあるので正四面体型錯体では電子を求引する傾向にある (d).

定な配位構造となる. 単座配位子による錯体では, 酸化数の違いに応じてそれぞ
れの優先性の高い配位形式に適合することが可能であるが, 金属タンパク質では
タンパク質分子のとる立体構造により配位原子の立体的な配置が決定される.
　配位構造による式量電位を理解するために, Cu に His が 4 個配位した酸化還
元中心をもつタンパク質を考えよう. 一方は正方形型の配位構造をもつタンパク
質で, 図 4.13 のときと同様に Cu-(His)$_4$^{sp} とする (図 4.14(a)). 他方は正四面
体型の配位構造で, これをもつタンパク質で, これを Cu-(His)$_4$th とする (図
(b)). 上述したように Cu^{II} は正方形型の配位構造がより安定な錯体を形成する.
つまり, 酸化数の大きい Cu^{II}-(His)$_4$^{sp} は Cu^{I}-(His)$_4$^{sp} よりも安定であるため,
酸化還元対 Cu^{II}-(His)$_4$^{sp}/Cu^{I}-(His)$_4$^{sp} の式量電位は低下する (図(c)). 一方,
Cu^{I} は正四面体型の配位構造をとる傾向にある. つまり, この配位構造は酸化数
の小さい Cu^{I} のほうを安定化するため, 酸化還元対 Cu^{II}-(His)$_4$th/Cu^{I}-(His)$_4$th
の式量電位は増加する (図(d)). まとめると, Cu^{II}-(His)$_4$th/Cu^{I}-(His)$_4$th の式

量電位は $Cu^{II}-(His)_4{}^{sp}/Cu^{I}-(His)_4{}^{sp}$ よりも高い.

4.3.2 酸化還元中心の電荷と誘電率

酸化還元中心の電荷ならびにその近くに存在する官能基の電荷は,式量電位を決定する因子の一つである.このことは,とくに同じ金属による錯体あるいは同じ種類の金属タンパク質のなかでの式量電位の変化を生じる原因でもある.ここではまず,正と負に帯電した粒子間にはたらく力について考えてみよう.

両方の粒子がもつ電荷をそれぞれ $+q$ と $-q$ とすると,両方の粒子にはクーロン力(coulomb force)がはたらく.この力によるポテンシャルエネルギー V は,粒子が無限遠に離れて存在するときのエネルギーをゼロとして,

$$V = -\frac{q^2}{2\pi\varepsilon_0\varepsilon_r r} \tag{4.5}$$

で与えられる.ここで,ε_0 は真空の誘電率,ε_r は粒子がおかれている場の比誘電率で,r は両粒子間の距離を示す.式(4.5)は,粒子間の距離が小さくなるにつれてポテンシャルエネルギーが減少し安定化することを示している.

さて,荷電粒子が単独で存在するときのポテンシャルエネルギーはどのようになるだろうか.たとえば,負電荷が単独で存在している状態を考えてみよう.この状態は正負の荷電粒子が距離 r を隔てた状態から正の荷電粒子を無限遠まで引き離したものとみてよいであろう.したがって,これに要するエネルギーは V の符号を逆にした値 $(-V)$ となることがわかる.また同様の考察から,正電荷が単独で存在している状態は,負の荷電粒子を無限遠まで引き離したものであり,同じく $-V$ のエネルギーとなることが理解できる.つまり,正と負の荷電粒子が近くに存在し,全体としては電荷が存在しない状態をとっているときと比べて,正あるいは負に電荷した状態が単独で存在するときは,ポテンシャルエネルギーが高い状態にあるといえる.また,電荷が大きいほどそのエネルギーは高い.

タンパク質のなかで電子の授受を行う酸化還元中心を Z で表すことにしよう.ここで,Z の酸化型が $+1$ あるいは -1 の電荷をもっているときの半反応(4.6)と半反応(4.7)における還元反応の進行する傾向を比べてみよう.

$$Z^+ + e^- \longrightarrow Z^0 \tag{4.6}$$

$$Z^- + e^- \longrightarrow Z^{2-} \tag{4.7}$$

116   4 電子伝達

半反応(4.6)では正電荷が反応により減少しゼロとなる．ポテンシャルエネルギーは，電荷が単独で存在する Z^+ では高く，電荷がなくなった Z^0 では低い．このため反応は矢印の方向に進行する傾向が強い．一方，半反応(4.7)では負電荷をもつ酸化型が電子を受け取るために還元型の電荷の絶対値が増加する．つまり，反応が進行するとポテンシャルエネルギーが大きくなるため，反応の進行は抑制的になる．以上から，式量電位は半反応(4.6)で高く，半反応(4.7)では低くなることが理解できる．一般に，酸化還元中心の電荷の絶対値が大きくなる半反応では電位が低く，小さくなる半反応では電位が高くなる．

　酸化還元中心の近くに電荷をもつ官能基も同様のクーロン相互作用で式量電位に影響を与える．例としてヘムの電子授受がある．Fe^{II} の状態にあるヘムは，ポルフィリンが二価陰イオンとして結合するために酸化還元中心には電荷が存在しない．一方，Fe^{III} 状態になると電子を1個失うためにヘムは +1 の全電荷をもつようになる．このとき，ヘムの近くに正または負の電荷をもつ官能基が存在していたときのエネルギーについて考えてみよう．負電荷をもつ官能基が存在するとき，この負電荷は Fe^{III} 状態のヘムの正電荷とイオン的な相互作用を行い，系のエネルギーを低下させる（図 4.15(a)）．そのため反応は Fe^{III} 状態をとる傾向が強くなる．このことは還元力が強まること，つまり，電位が低下することを意味している．逆に正電荷をもつ官能基が存在するとき Fe^{III} 状態のヘムが不安定化されるため反応は抑制的になる（図(b)）．つまり，電位は上昇し還元力は弱まるといえる．

　このようなクーロン力による相互作用は，誘電率の影響を受ける．電荷のもつポテンシャルエネルギー（式(4.5)）には比誘電率が分母に入っているため，誘電率が小さい環境ではポテンシャルエネルギーは大きな値を示すようになる．比誘電率は水で 78 と大きいが，タンパク質内部の疎水性のアミノ酸残基が疎水結合を形成しているところでは，3〜4 程度と推定されている．したがって酸化還元中心がタンパク質内部に存在しているときには，酸化還元中心の電荷の絶対値が大きいと不安定化の程度がより顕著になる．たとえば，半反応(4.6)のように還元により電荷が減少する場合には，疎水的な環境におかれていたほうが電位は高くなる．逆に，半反応(4.7)のように，還元により電荷が増加する場合には，電位は低くなるといえる．すなわち，酸化還元中心がタンパク質内部に存在する

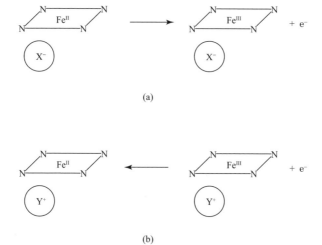

図 4.15 ヘムの近くに電荷をもつ官能基が存在するときの還元反応.
負電荷（X⁻）が存在すると Fe^{III} 状態のヘムを安定化させるため，酸化還元系は電子放出の傾向がある（a）．一方，正電荷（Y⁺）が存在すると Fe^{III} 状態のヘムが不安定化するため酸化還元系は電子を受容する傾向にある（b）．

か表面に存在するかで式量電位は異なってくる．

4.4 金属タンパク質の式量電位と機能

電子伝達を行う金属タンパク質の式量電位を図 4.16 に示す．金属タンパク質の式量電位はさまざまな要因で変化する．とくに，同一の酸化還元中心をもつ電子伝達体であっても，酸化還元中心がそれぞれのタンパク質に特有の環境にあるため，ある程度の分布を示す．このようにタンパク質分子が式量電位を調節していることで円滑な電子伝達を行っているともいえる．一方，このような分布は存在するものの，タンパク質の式量電位には酸化還元反応に基づく大まかな序列関係が認められる．金属タンパク質の式量電位を調節する構造的な因子については既に説明したが，ここではその理論に基づきその式量電位を説明しよう．

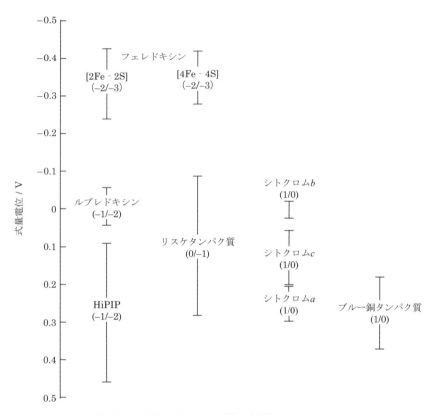

図 4.16 電子伝達を行う金属タンパク質の式量電位．
酸化型ならびに還元型の酸化還元中心がもつ電荷数を括弧内に示す．

4.4.1 鉄-硫黄タンパク質

　鉄-硫黄タンパク質では，フェレドキシンが［2Fe-2S］型および［4Fe-4S］型ともに-0.45～-0.25 V の範囲の低い式量電位を示す．リスケ鉄-硫黄タンパク質は-0.1～0.3 V 近くまでの広い式量電位をもっているが，多くは電位の高いところに集中して分布していることを考慮すると，ルブレドキシン，リスケ鉄-硫黄タンパク質の順に式量電位は高くなる傾向にある．一方，フェレドキシンと同様の［4Fe-4S］クラスターをもつタンパク質で，とくに高い式量電位を示す高

ポテンシャル鉄-硫黄タンパク質（high potential iron-sulfur protein, HiPIP）も存在している．このタンパク質の式量電位はリスケ鉄-硫黄タンパク質よりも高い．

ここで，酸化型の酸化還元中心がもつ総電荷数を見積もってみよう．それぞれのタンパク質は，複数の Fe イオンを含む場合でも反応は一電子反応であるため，還元型では酸化型の総電荷数から 1 を引けばよい．

（ⅰ）**ルブレドキシン**　酸化型は Fe^{III} からなるため，Fe^{III} の $+3$ とこれに配位するシステイン残基のチオラート（S^- 基）4 個の -4 との合計で，-1 となる．

（ⅱ）**[2Fe-2S]型クラスター**　Fe の酸化状態として Fe^{III}_2, $Fe^{III}Fe^{II}$, Fe^{II}_2 の 3 通りがあるが，フェレドキシンでは $Fe^{III}_2/Fe^{III}Fe^{II}$ の組合せを酸化還元反応に使用している．つまり，酸化型では両方の Fe イオンとも三価の酸化状態で Fe^{III}_2 となっており，この総電荷数は，2 個の Fe^{III} の $+6$，2 個の S^{2-} の -4，4 個のシステイン残基のチオラートの -4 で，合計 -2 となる．

（ⅲ）**[4Fe-4S]クラスター**　5 通りの酸化状態が存在するが，フェレドキシンでは $Fe^{III}_2Fe^{II}_2/Fe^{III}Fe^{II}_3$ の酸化還元対が電子の授受を行う．この酸化型の酸化還元中心の総電荷数は，$+3$ と $+2$ の Fe が 2 個ずつ，システイン残基のチオラートが 4 個，S^{2-} が 4 個で，合計で -2 となる．

（ⅳ）**HiPIP**　酸化還元中心は [4Fe-4S] フェレドキシンと同様であるが，HiPIP では，$Fe^{III}_3Fe^{II}/Fe^{III}_2Fe^{II}_2$ の酸化還元対で電子の授受を行う．同様の計算からこの酸化型の酸化還元中心の総電荷数は -1 と見積もられる．

（ⅴ）**リスケ鉄-硫黄タンパク質**　[2Fe-2S]クラスターをもっているが，片一方の Fe イオンにはシステイン残基のチオラートの代わりにヒスチジンの N 原子が配位した構造となっている．このため酸化型の酸化還元中心の総電荷数はゼロとなる．

酸化還元中心の総電荷数をそれぞれのタンパク質の式量電位と照らし合わせると，酸化型の総電荷数が -2 ともっとも小さいフェレドキシンがもっとも低い式量電位を示し，つぎに -1 のルブレドキシン，ゼロのリスケ鉄-硫黄タンパク質

の順になっている．HiPIP が酸化還元中心の総電荷数が−1 であるのにかかわらず式量電位が高いのは，この酸化還元中心が疎水性の高い部位に存在しているからと考えられる．

4.4.2 シトクロム類

　シトクロムはヘムを補因子として含んでいる．ヘムは，ポルフィリンの4個のN原子が平面状にFeをキレートし，軸方向にはヒスチジンのN原子あるいはメチオニン残基のS原子が配位した分子である．ポルフィリンは二価陰イオンとして配位し，また軸方向のN原子とS原子は両方とも中性で電荷がないため，酸化型ヘムの酸化還元中心の総電荷数は+1となる．この正電荷が鉄−硫黄タンパク質と比べて式量電位が高い理由の一つである．また，シトクロム類のなかでは，シトクロム b, c, a の順に式量電位が高くなる（図 4.16）．この理由について考えてみよう．

　シトクロム a の式量電位が高いのは，ポルフィリン骨格の側鎖に存在するホルミル基の影響が大きいと思われる．ホルミル基には電気陰性度の高いO原子が存在するため，ポルフィリン環全体の電子を引き寄せている．この効果により，酸化還元中心は正電荷を帯びてくる．その結果，電子の受容が容易になるためほかのシトクロム類と比べて式量電位が高くなると考えられる．一方，シトクロム b とシトクロム c との式量電位の違いは，配位原子が異なることに帰することができる（図 4.17）．つまり，シトクロム b では軸方向の配位原子が2個ともHis残基のN原子であるのに対して（図(a)），シトクロム c では His 残基のN原子と Met 残基のS原子となっている（図(b)）．この配位原子の違いを明示するため，シトクロム b の酸化還元対を $Fe^{III}-N/Fe^{II}-N$，シトクロム c の酸化還元対を $Fe^{III}-S/Fe^{II}-S$ で表すことにする．Fe^{III} は硬い酸，Fe^{II} は中間の酸に分類されるため，配位原子がNのときもSのときも，Fe^{II} のほうがより安定といえる．一方，逆の不安定化という観点に立つと，シトクロム c での Fe^{III} と配位原子Sの組合せは，それぞれ硬い酸と軟らかい塩基であるため HSAB 則で隔たりが大きく，不安定といえる．この不安定さを解消するために，酸化還元対 $Fe^{III}-S/Fe^{II}-S$ は電子を受容して $Fe^{III}-S$ の濃度を減少させる傾向が強い．このため，シトクロム c の式量電位はシトクロム b のものより高くなると理解され

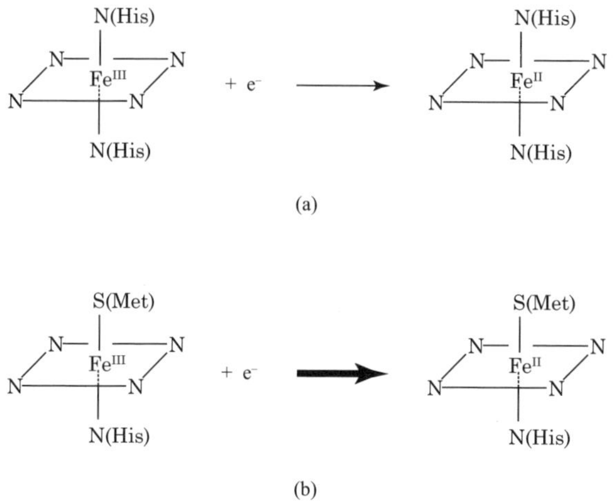

4.4 金属タンパク質の式量電位と機能　**121**

N(His)
N—|—N
　Fe^{III}
N—|—N
　N
N(His)

+ e$^-$　⟶

N(His)
N—|—N
　Fe^{II}
N—|—N
　N
N(His)

(a)

S(Met)
N—|—N
　Fe^{III}
N—|—N
　N
N(His)

+ e$^-$　⟶

S(Met)
N—|—N
　Fe^{II}
N—|—N
　N
N(His)

(b)

図 4.17　シトクロム b とシトクロム c の式量電位の差異.
N(His) はヒスチジン残基の N 原子を，S(Met) はメチオニン残基の
S 原子を示す.
シトクロム c の酸化型は硬い酸 Fe^{III} と柔らかい塩基 Met の組合せ (b)
で，シトクロム b の酸化型は硬い酸 Fe^{III} と中間の塩基 His との組合
せ (a) となるので，酸化型シトクロム c のほうが不安定であり，相
対的に電子を求引する傾向が強い.

る.なお，シトクロム c に配位するメチオニン残基をヒスチジン残基に換えた変
異体では，式量電位が 0.22 V 程度低下する.このことからもメチオニン残基の
S 原子の効果が理解できるであろう.

4.4.3　ブルー銅タンパク質

　このタンパク質の酸化還元電位は，一般に 0.18〜0.37 V の範囲にあり，比較
的高い値を示す.これは，Cu に対する配位が Cu^I と親和性の高い四面体型構造
に近いこと，また配位子にシステインのチオラート（S$^-$ 基）が含まれることが
あげられる.また，酸化型の酸化還元中心の電荷は +1 であり，電子の受容が容
易であることもその一因である.一方，チオバチルス（*Thiobacillus*）属が産生
するラスティシアニンは 0.68 V と式量電位が高いが，これは酸化還元中心が疎
水性の高い領域に存在し，Cu^{II} の状態を不安定化するためと考えられる.

4.5 呼吸と光合成

呼吸と光合成は，生物が行うもっとも重要な反応である．私たちを含めた動物は，O_2 が最終の電子受容体となる酸素呼吸を行っている．そこでは食餌として取り込まれた有機物，たとえば糖が O_2 で酸化され，二酸化炭素（CO_2）と H_2O を生成する．

$$C_6H_{12}O_6 + 6\,O_2 \quad \longrightarrow \quad 6\,CO_2 + 6\,H_2O \tag{4.8}$$

反応(4.8) ではギブズエネルギーが減少するため，生物はそのエネルギーを生命活動に利用できる．一方，高等植物や藻類が行う光合成は，CO_2 を還元して糖を合成する．このとき H_2O は酸化されて O_2 が放出される．

$$6\,CO_2 + 6\,H_2O \quad \longrightarrow \quad C_6H_{12}O_6 + 6\,O_2 \tag{4.9}$$

この反応はギブズエネルギーが増加するもので，そのままでは進行しない．そのため，光エネルギーが必要となっている．

このように呼吸と光合成は，原料と生成物が逆転した正反対の代謝といえるが，その機構は非常に類似している．すなわち，両方とも一連の電子伝達体から構成される電子伝達系が含まれており，高エネルギー状態にある電子が低エネルギー状態に移動する過程で放出されるエネルギーを用いて代謝を行っている．このような電子伝達系の類似性から，呼吸と光合成は共通の電子伝達系から進化してきたものと推定されている．

4.5.1 呼 吸

真核生物 (eukaryote) では，呼吸はミトコンドリアで行われる（図 4.18）．ミトコンドリア (mitochondrion) は細胞内の小器官で，外膜 (outer membrane) で細胞質と隔たれている．外膜の内側には内膜 (inner membrane) といわれる膜系があり，外膜と内膜との間の区画は膜間腔 (intermembrane space)，内膜で囲まれた区画はマトリックス (matrix) といわれる．

呼吸で用いられる電子伝達系は内膜に存在し，複数のタンパク質が集合した複合体で構成されている．複合体は 4 個存在し，それらは複合体 I から IV とよば

4.5 呼吸と光合成 **123**

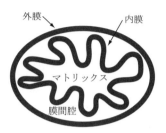

図 4.18 ミトコンドリアの構造.

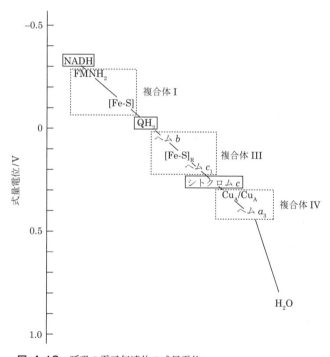

図 4.19 呼吸の電子伝達体の式量電位.
酸化還元対のうち還元型だけを記す．複合体は点線で囲み，複合体への電子供与体は実線で囲っている．

124   4 電 子 伝 達

れている．それぞれの複合体を構成するおもな電子伝達体の酸化還元対がもつ式量電位を図4.19に示した（複合体IIはコハク酸をフマル酸に酸化する過程で生じた電子を用いてユビキノン（Q）をユビキノール（QH$_2$）に還元するものであり，この図では除いている）．生物に取り込まれた糖，タンパク質，脂肪は，代謝でNAD$^+$を還元してNADHを生成する．NAD$^+$/NADH酸化還元対は呼吸系でもっとも式量電位が低く，NADHから生じた電子は複合体 I, III, IV を通ってO$_2$に受容される．複合体 I では，FMNH$_2$と鉄–硫黄クラスターという比較的式量電位の低い電子伝達体が電子を運搬する．複合体 III は，複合体 I の電子伝達体よりも式量電位の高いヘム b やリスケ鉄–硫黄タンパク質で構成されている．

Box 4.3

電気化学ポテンシャル

　細胞内から H$^+$ をくみ出したときに蓄積されるエネルギーを理解するために，化学ポテンシャル（chemical potential）μ を導入する．これは，ある状態におかれた分子あるいはイオンのポテンシャルエネルギーを示すもので，部分モルギブズエネルギー（モル当たりのギブズエネルギー）に相当する．

　このような H$^+$ 濃度の不均衡が生じた場合，H$^+$ を自由に通過させるチャネルさえあれば H$^+$ は外側から低い内側へと移動してくる．濃度が高いほどポテンシャルエネルギーも高いからである．また，外側が正の電位をもっているために H$^+$ は内側に移動する．正電荷をもつ粒子は低い電位の領域に存在したほうがポテンシャルエネルギーが低いからである．このように，H$^+$ のポテンシャルエネルギーは濃度勾配と膜電位の両方に依存したもので，電気化学ポテンシャル（electrochemical potential）といわれる．膜の内側と外側のポテンシャルそれぞれを μ_i と μ_o とすると，その差 $\Delta\mu$ は，

$$\Delta\mu = \mu_i - \mu_o = RT \ln \frac{[\mathrm{H}]_i}{[\mathrm{H}]_o} + F\phi \qquad (\mathrm{B}4.3\text{-}1)$$

で与えられる．ここで，ϕ は膜の外側を基準とした膜の内側の電位で，F はファラデー定数を示す．図 B4.3-1(a) では，$[\mathrm{H}^+]_i/[\mathrm{H}^+]_o < 1$ であり

複合体 IV の電子伝達体の式量電位はさらに高く，ヘム a や Cu が電子伝達の中心となっている．複合体 I と III の間は酸化還元対 Q/QH_2 が，複合体 III と IV の間は酸化還元対 Cyt $c(Fe^{III})$/Cyt $c(Fe^{II})$ が電子を受け渡す．ここで，Cyt c (Fe^{III}) と Cyt $c(Fe^{II})$ は，それぞれ酸化型と還元型のシトクロム c を表す．

複合体では，電子伝達にともなう H^+ の移動が重要な意義をもっている（Box 4.3）．複合体 I での電子伝達とそれにともなう H^+ の移動を図 4.20 に示した．電子は，マトリックスに存在する NADH の酸化反応で生じる．

$$NADH \longrightarrow NAD^+ + H^+ + 2e^- \tag{4.10}$$

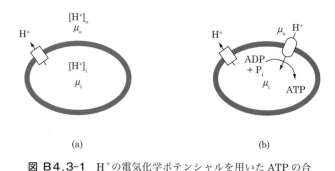

図 B4.3-1 H^+ の電気化学ポテンシャルを用いた ATP の合成．
外側の H^+ のポテンシャルエネルギー μ_o は内側 H^+ のポテンシャルエネルギー μ_i よりも高い (a)．また，H^+ が外側から内側に移動してくるときに，そのエネルギー差を用いて ATP の合成が行われる (b)．

$\phi < 0$ のため，$\Delta\mu$ は負の値をとる．つまり，外側の H^+ のほうが内側よりもポテンシャルエネルギーが高いことを示している．なお，$\Delta\mu$ は H^+ が 1 mol 外側から内側に移動してきたときのギブズエネルギー変化 ΔG に等しい．

呼吸や光合成では，電子伝達体を伝わって電子が移動する．その過程で，ここで示したような，H^+ の膜を横切った移動が生じる．移動後の H^+ はポテンシャルエネルギーが高いため，ふたたびもとに戻るときにそのエネルギーを用いて ATP の合成が行われる（図(b)）．

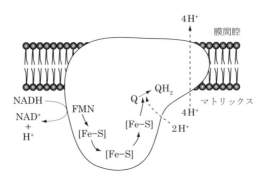

図 4.20 複合体Ⅰでの電子伝達と H^+ の移動.
電子の移動は実線, 分子の変換は点線, 分子の移動は破線で示す.

この反応は, 反応式から明らかなようにマトリックスに H^+ を1個増やす. 生じた電子は FMN が受け取り, 鉄-硫黄クラスターに渡される. NADH は2電子の, また, 鉄-硫黄クラスターは1電子の還元しか行わない. FMN はこの不整合の調整を行う. つまり, 二電子還元を受けて $FMNH_2$ となり, この分子が鉄-硫黄クラスターに電子を1個ずつ受け渡す. FMN は電子を受け取ると同時にマトリックス側から H^+ を取り込むが, 鉄-硫黄クラスターに電子を受け渡すときにマトリックスにふたたび放出する. したがって, この反応での H^+ の増減はない. FMN を通過した電子は複数の鉄-硫黄クラスターを通って Q に受容され, QH_2 を生成する. このとき必要な2個の H^+ はマトリックス側から供給される. 一方, 複合体Ⅰは H^+ ポンプとしてもはたらき, 1分子の NADH による1分子の Q の還元では, 4個の H^+ がマトリックスから膜間腔にくみ上げられる. この結果, 全体としては,

$$NADH + Q + 5H^+_{in} \longrightarrow NAD^+ + QH_2 + 4H^+_{out} \qquad (4.11)$$

のように H^+ が移動する. ここで, H^+_{in} と H^+_{out} はそれぞれマトリックスと膜間腔の H^+ を表している. このように, マトリックス側から膜間腔へ運搬される H^+ には複合体が H^+ ポンプとして作動することで移動する"くみ上げ H^+"と, 化学反応で化合物に取り込まれたりあるいは放出されたりすることで実質的に移動する"化学的 H^+"とがある点に注意されたい.

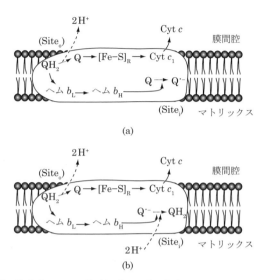

図 4.21 複合体 III での電子伝達と H^+ の移動.
$Q^{·-}$ の生成 (a) と QH_2 の生成 (b).
電子の移動は実線, 分子の変換は点線, 分子の移動は破線で示す.

複合体 III における電子伝達と H^+ の移動を図 4.21 に示した. この複合体には, QH_2 の結合部位 (Site$_o$) が膜間腔の近くに存在し, 膜間腔との間で H^+ のやり取りを可能にしている. また Q との結合部位 (Site$_i$) はマトリックスの近くに存在し, マトリックスとの間での H^+ の交換ができるようになっている. QH_2 が Site$_o$ に結合し Q に酸化される過程で電子が 2 個生じる. これらの電子は, 複合体 III のなかで別々の経路に分かれて進んでいく. すなわち, 最初の電子は, リスケ鉄-硫黄クラスター, シトクロム c_1 を経て Cyt c(Fe^{III}) の還元に用いられる. 2 番目の電子は, ヘム b_L, ヘム b_H の二つのヘムを経て, Site$_i$ に結合した Q に受容され, セミキノンアニオンラジカル $Q^{·-}$ を生成する. このとき Site$_o$ に結合していた QH_2 からは H^+ 2 個が膜間腔側に放出される (図(a)). 2 番目の QH_2 が Site$_o$ に結合すると, 最初の QH_2 のときと同様に, 1 番目の電子は Cyt c(Fe^{III}) の還元に用いられる. ついで, 2 番目の電子は Site$_i$ に結合した $Q^{·-}$ に受容され, マトリックスから H^+ 2 個を取り込んで QH_2 となる. 1 番目の QH_2 の酸化と同様, Site$_o$ に結合していた QH_2 から 2 個の H^+ が膜間腔側に放出

される（図4.21(b)）．したがって，このときの反応は，

$$2\,QH_2 + Q + 2\,Cyt\,c(Fe^{III}) + 2\,H^+{}_{in} \longrightarrow$$
$$2\,Q + QH_2 + 2\,Cyt\,c(Fe^{II}) + 4\,H^+{}_{out} \quad (4.12)$$

と表せる．この電子伝達の方式は，キノンサイクル（Qサイクル）といわれている．Q，QH_2とも内膜のなかを自由に動くことができるため，反応前後でのQとQH_2には区別がない．そのため，正味の反応は，

$$QH_2 + 2\,Cyt\,c(Fe^{III}) + 2\,H^+{}_{in} \longrightarrow Q + 2\,Cyt\,c(Fe^{II}) + 4\,H^+{}_{out}$$
$$(4.13)$$

となる．ここで，Qサイクルの利点を考えてみよう．かりに，QH_2から生じた電子が2個ともたんにCyt $c(Fe^{III})$に渡されたとするとその反応は，

$$QH_2 + 2\,Cyt\,c(Fe^{III}) \longrightarrow Q + 2\,Cyt\,c(Fe^{II}) + 2\,H^+{}_{out} \quad (4.14)$$

となるであろう．この反応ではH^+2個を膜間腔に放出するだけであるが，反応(4.13)ではマトリックスのH^+を2個減少させ，膜間腔でのH^+を4個増加させることが理解できる．つまり，Qサイクルは，マトリックスと膜間腔でのH^+

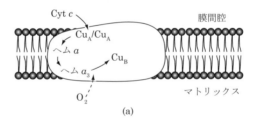

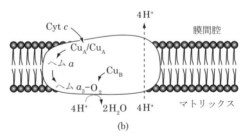

図4.22　複合体IVでの電子伝達とH^+の移動．
　　　　ヘムa_3とCu_Bの還元によるO_2の結合（a）とO_2の還元によるH_2Oの生成（b）．電子の移動は実線，分子の変換は点線，分子の移動は破線で示す．

の濃度差を大きくするように機能しているといえる.

複合体 IV では Cyt $c(Fe^{II})$ の電子を O_2 に運搬する（図 4.22）. この複合体には Cu_A/Cu_A といわれる複核の銅中心があり, これが Cyt $c(Fe^{II})$ からの電子を受容する. その後電子は, ヘム a, ヘム a_3 さらに Cu_B といわれる銅中心に運ばれる. 最初に 2 分子の Cyt $c(Fe^{II})$ からの電子でヘム a_3 と Cu_B が還元型になり, ヘム a_3 に O_2 が結合する（図(a)）. さらに, もう 2 分子のシトクロム c からの電子で O_2 は四電子還元を受ける. このさいにマトリックス側からは H^+ 4 個を取り込み 2 分子の H_2O を生成する（図(b)）. この過程で複合体 IV は H^+ ポンプとしても機能し, マトリックスから膜間腔へ H^+ 4 個を運搬する. したがって, 以上の反応は,

$$4\,\mathrm{Cyt}\,c(Fe^{II}) + O_2 + 8\,H^+_{in} \longrightarrow 4\,\mathrm{Cyt}\,c(Fe^{III}) + 2\,H_2O + 4\,H^+_{out} \tag{4.15}$$

で示すことができる（p.130 の Box 4.4）.

4.5.2 光合成

光合成は, 光エネルギーを生命活動に利用する代謝である. 高等植物や藻類が行う光合成は O_2 の発生をともなうもので, 酸素発生型光合成といわれる. この光合成反応は明反応（light reaction）と暗反応（dark reaction）といわれる二つの反応系から構成されている. 明反応では, 光エネルギーを利用して H_2O を O_2 に酸化し ATP と NADPH を生成する. 一方, 暗反応では生成した ATP と NADPH を用いて CO_2 を糖に還元する. 電子伝達系は明反応の反応の根幹となっており, ここではこの機構について述べる.

高等植物の光合成は葉緑体（chloroplast）で行われる. 葉緑体は細胞内の小

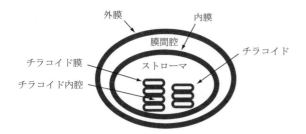

図 4.23 葉緑体の構造.

Box 4.4

酸素以外の物質を電子受容体とする呼吸

酸素呼吸では，O_2 が有機物の酸化を行い，その過程で放出されるエネルギーを ATP の合成に利用している．有機物を糖とすると，この酸化反応は，

$$6\,CO_2 + 24\,H^+ + 24\,e^- \longrightarrow C_6H_{12}O_6 + 6\,H_2O$$
$$E^{\circ\prime} = -0.484\,V \tag{B4.4-1}$$

$$O_2 + 4\,H^+ + 4\,e^- \longrightarrow 2\,H_2O \qquad E^{\circ\prime} = 0.812\,V \tag{B4.4-2}$$

の二つの半反応で表すことができる．半反応(B4.4-1) は CO_2 が糖に還元される反応で，半反応(B4.4-2) は O_2 が H_2O に還元される反応を示す．式量電位の低い酸化還元対から高い酸化還元対に電子が流れるので，半反応(B4.4-1) は糖から CO_2 を生成する方向に進行し，生じた電子は半反応(B4.4-2) で O_2 に受容される．酸素呼吸では，電子は本文で示した電子伝達系を経て最後に O_2 に受容される．

呼吸における電子の最終受容体は O_2 だけに限られるわけではない．半反応(B4.4-1) の式量電位よりも高い式量電位をもつ酸化還元対では，その酸化型が電子の最終受容体になる呼吸を行うことがある．たとえば，硝酸イオン（NO_3^-）の N_2 への還元は，

$$2\,NO_3^- + 10\,e^- + 12\,H^+ \longrightarrow N_2 + 6\,H_2O$$
$$E^{\circ\prime} = 0.745\,V \tag{B4.4-3}$$

と式量電位が高い．このイオンが電子の最終受容体となる代謝は脱窒といわれ，脱窒菌が行う呼吸である．この細菌による NO_3^- の還元は，地球環境での窒素の循環において重要な地位を占めている．また，硫酸イオン（SO_4^{2-}）を電子の最終受容体とする呼吸もある．SO_4^{2-} の還元は，

$$SO_4^{2-} + 10\,H^+ + 8\,e^- \longrightarrow H_2S + 4\,H_2O$$
$$E^{\circ\prime} = -0.221\,V \tag{B4.4-4}$$

の半反応で示され，式量電位は負の値ではあるが半反応(B4.4-1) よりも高い．そのため硫酸呼吸といわれる代謝が可能である．この呼吸は *Desulfovibrio* 属などの細菌が行い，有機物で汚染された水域からの H_2S 発生の原因となっている．

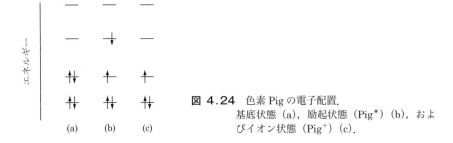

図 4.24 色素 Pig の電子配置．基底状態 (a)，励起状態 (Pig*) (b)，およびイオン状態 (Pig$^+$) (c)．

器官で，内膜，外膜，ならびにチラコイド膜 (thylakoid membrane) の三つの膜系からなる (図 4.23)．チラコイド膜は内膜が内側に陥没して生じたもので，ここに明反応に必要な分子が組み込まれている．チラコイド膜と内膜との間の区画がストローマ (stroma) で，ここでは暗反応が生じる．

光合成では，光合成色素 (photosynthetic pigment) が光を吸収したときに生じる式量電位の変化を理解する必要がある．ここではこの色素を Pig と略記して光合成のしくみを説明しよう．Pig は，基底状態にあるのでエネルギーの低い分子軌道に電子が収容されている (図 4.24(a))．Pig による光吸収は，分子軌道に収容されていた電子 1 個がエネルギーの高い空軌道に遷移して励起状態 (Pig*) になることで生じる (図(b))．Pig から電子が 1 個奪われると陽イオン Pig$^+$ を生じる (図(c))．また，Pig* からも電子が 1 個奪われると同じ Pig$^+$ となる．それぞれの過程の逆反応は還元反応で，以下の半反応で示すことができる．

$$\text{Pig}^+ + e^- \longrightarrow \text{Pig} \qquad E_{\text{Pig}} \tag{4.16}$$

$$\text{Pig}^+ + e^- \longrightarrow \text{Pig}^* \qquad E_{\text{Pig}^*} \tag{4.17}$$

ここで，それぞれの式量電位を E_{Pig} と E_{Pig^*} で示した．

E_{Pig} と E_{Pig^*} の大小関係を分子の電子配置の観点から考察してみよう．Pig では，構成原子の原子核に存在する正電荷が電場を形成している．Pig の電子はこの電場のなかにあり，正電荷からの引力を受けている．分子軌道のエネルギーはこの引力の尺度と考えることができるため，分子軌道のエネルギーが高いことは原子核からの引力が弱まることを意味している．別の見方をすると，エネルギーの高い分子軌道に存在する電子は，ほかの分子に引き抜かれやすいといえる．こ

132   4 電 子 伝 達

のことは Pig*は Pig よりも還元力が強くなること，すなわち，E_{Pig*}は E_{Pig} より
も低い値をとることを意味している．

　ここで，以下の半反応を考えてみよう．

$$P_{ox} + e^- \longrightarrow P_{red} \qquad E_P \tag{4.18}$$

$$Q_{ox} + e^- \longrightarrow Q_{red} \qquad E_Q \tag{4.19}$$

式量電位の間に，$E_P > E_Q$ の関係があるとき，

$$Q_{ox} + P_{red} \longrightarrow Q_{red} + P_{ox} \tag{4.20}$$

の反応は進行しない．しかし，式量電位の間に，

$$E_{Pig} > E_P \tag{4.21}$$

$$E_Q > E_{Pig*} \tag{4.22}$$

の二つの関係が成り立つときは，Pig を用いた光化学反応で，反応(4.20) を進
行させることが可能となる．すなわち，Pig が光 ($h\nu$) を受けて Pig*に励起さ
れたとき，

$$Pig + h\nu \longrightarrow Pig* \tag{4.23}$$

を考えてみよう．式(4.22) に示すように，酸化還元対 $Pig^+/Pig*$の式量電位は
Q_{ox}/Q_{red} の式量電位よりも低いため，

$$Pig* + Q_{ox} \longrightarrow Pig^+ + Q_{red} \tag{4.24}$$

のように Pig*が Q_{ox} を還元することが可能となる．一方，酸化還元対 Pig^+/Pig
の式量電位は，式(4.21) が示すように酸化還元対 P_{ox}/P_{red} のものよりも高いた
め，反応(4.24) で生じた Pig^+は P_{red} を酸化することができる．

$$Pig^+ + P_{red} \longrightarrow Pig + P_{ox} \tag{4.25}$$

反応(4.23)〜(4.25) をたし合わせると，全体での反応は，

$$Q_{ox} + P_{red} + h\nu \longrightarrow Q_{red} + P_{ox} \tag{4.26}$$

となる．つまり，光エネルギーを用いることで，本来進行しない反応が進行する
ようになることが理解できる．

　酸素発生型光合成の反応系は，光化学系 I（photosystem I）と光化学系 II
（photosystem II）ならびに両者の間での電子伝達を行うシトクロム *bf* 複合体か
らなっている．光合成での光吸収は，図 4.25 に示したクロロフィル *a*

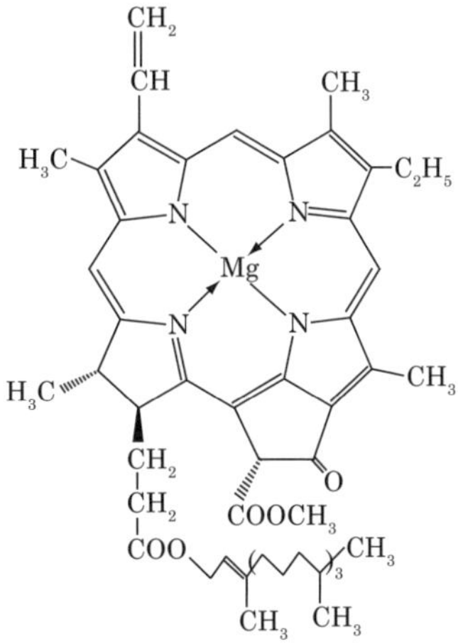

4.5 呼吸と光合成 133

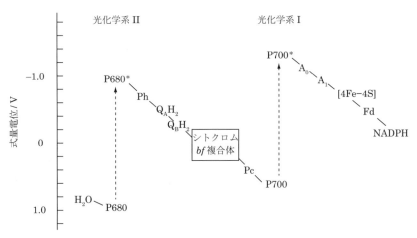

図 4.25 クロロフィル a の構造.

図 4.26 酸素発生型光合成における電子伝達体の式量電位. 酸化還元対の還元型だけを記す. 実線は電子の移動, 破線は光による励起を示す.

（chlorophyll a）の二量体によって行われる．この二量体は，光化学系 I では700 nm より短波長の，また，光化学系 II では 680 nm より短波長側の光を吸収するのでそれぞれ P700 と P680 で示される．電子伝達にかかわる酸化還元対の式量電位を図 4.26 に示した．光化学系 II では P680 が光を吸収し励起状態 P680* となる．酸化還元対 P680$^+$/P680* の式量電位は-0.9 V と低く，P680* から生じた電子は，フェオフェチン（Ph：クロロフィルから Mg が脱離した分子），光化学系 II 複合体に結合したプラストキノン（Q_A）を経て可動性のプラストキノン（Q_B）をプラストキノール（Q_BH_2）に還元する．プラストキノールからの電子は，シトクロム bf 複合体を通過してブルー銅タンパク質であるプラストシアニン（plastocyanin, Pc）の酸化型に渡される．この複合体では，電子の通過にともないミトコンドリアの複合体 III と同様の Q サイクル（4.5.1 項）がはたらき，H$^+$ がストロマ側からチラコイド内腔に運搬される．光化学系 I で

Box 4.5

酸素非発生型光合成

　酸素発生型光合成では H_2O の酸化で O_2 が発生する．これは，光励起で生じた P680* が電子を失い，生じた P680$^+$ に H_2O から電子が供与されて生じたものである．このように，光合成反応では励起状態の色素分子の還元力を利用している．しかし，このさいに電子を失った色素分子イオンには電子を供給する必要が生じてくる．

　イオン化した光合成色素に電子を供給する物質は H_2O に限られたわけではく，これ以外の物質が電子供与体になる光合成も知られている．たとえば，紅色硫黄細菌といわれる生物は，H_2S を電子供与体とする光合成を行う．これは，H_2S が，

$$H_2S \longrightarrow 2H^+ + S + 2e^- \qquad (B4.5\text{-}1)$$

の反応で電子を供与することができるからである．H_2S の酸化は H_2O の酸化よりも容易なため，酸素発生型光合成よりも早い時期に地球上に現れたと考えられている．

は，P700 が励起され P700* となる．酸化還元対 P700$^+$/P700* の式量電位は $-1.2\,\mathrm{V}$ と低く，P700* から生じた電子は，クロロフィル（A_0），キノン（A_1），複数の鉄-硫黄クラスター，フェレドキシン（Fd）を経て NADP$^+$ が受容し，NADPH を生成する．P700* から電子が放出されて生じた P700$^+$ は，酸化力が強く，Pc から電子を受け取る．また，P680* からの電子放出で生じた P680$^+$ も酸化力が強く，H_2O から電子を奪って O_2 を発生する（p.134 の Box 4.5）．

光合成による H$^+$ の移動を図 4.27 に示した．光化学系 II では，P680 が光励起されると強い還元力をもつ P680* が形成される（図(a)）．P680* は，チラコイド膜のストローマ側でプラストキノンをプラストキノールに還元する．2 分子のプラストキノンの還元で，ストローマから 4 個の H$^+$ が吸収される．一方，電子を失った P680* は P680$^+$ となり，H_2O から電子を奪って O_2 を発生する．この反応はチラコイド内腔で起こり，2 分子の H_2O から 1 分子の O_2 が生じ，4 個

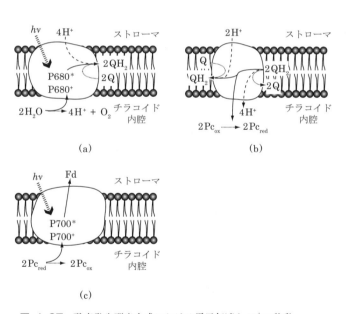

図 4.27 酸素発生型光合成における電子伝達と H$^+$ の移動．
光化学系 II (a)，シトクロム *bf* 複合体 (b) および光化学系 I (c) を示す．
電子の移動は実線，分子の変換は点線，分子の移動は破線，光照射は太い破線で示す．

136 　4　電　子　伝　達

の H^+ が残る．まとめると，光化学系 II での反応は，

$$2\,Q + 2\,H_2O + 4\,H^+{}_{out} \longrightarrow 2\,QH_2 + O_2 + 4\,H^+{}_{in} \tag{4.27}$$

で示されるように，H^+ 4 個がストローマ側（out）からチラコイド内腔（in）に運ばれる．

　シトクロム *bf* 複合体では，呼吸の複合体 III で行われている Q サイクルと同様の機構で H^+ がストローマからチラコイド内腔に運ばれる．

$$2\,QH_2 + Q + 2\,Pc_{ox} + 2\,H^+{}_{in} \longrightarrow 2\,Q + QH_2 + 2\,Pc_{red} + 4\,H^+{}_{out}$$

$$\tag{4.28}$$

ここで，Pc_{ox} と Pc_{red} はプラストシアニンの酸化型と還元型を示している（図4.27(b)）．

　光化学系 I では光照射で P700 が P700* に励起される．P700* から生じた電子は Fd に渡されたあと，$NADP^+$ に受容され NADPH を生成する．P700* からFd までの電子移動は一電子反応であるのに対して $NADP^+$ の還元は二電子反応となっている．このため Fd と $NADP^+$ の間には FMN を含むフェレドキシン-$NADP^+$ レダクターゼが存在し，FMN が電子 1 個ずつの還元を受け，そのあと$NADP^+$ に電子 2 個を受け渡す．なお，P700* からの電子放出で生成した $P700^+$ は，Pc_{red} から電子を受けて P700 に戻っていく（図(c)）．

5

酸 素 分 子

　太陽系の惑星のなかで，地球は金星と火星の間に位置している．地球の大気組成は，窒素が80％，酸素が20％で二酸化炭素が0.04％であるのに対し，金星と火星ではほとんどが二酸化炭素で構成されている．両隣の惑星とは異なり，地球だけが気体状の酸素が大量に存在するという際立った特徴を呈しているのは，地球では生命が誕生し，そのなかに光合成を行う生物が生まれたことがその理由である．

　地球上に生息する多くの生物は，酸素分子を用いた呼吸でエネルギーを得ている．これは，酸素分子が有機化合物と反応すると大量のギブズエネルギーが放出されるからである．しかし，酸素と有機化合物との反応は通常の条件では進行しない．これは，この反応の活性化エネルギーが非常に大きいからである．この原因の一つとして，基底状態において酸素分子が三重項状態の電子配置を有することがあげられる．大部分が有機物で構成される生物体が大気中において酸素と反応せずに安定に存在し得るのもこのことに由来している．

　本章では，酸素が一般の有機化合物との反応性が低い理由について解説しよう．このために，分子軌道法を用いた酸素分子の電子配置を述べる．また，多細胞生物では体内の細胞は大気と直接的な接触をしていないため，そこに酸素を運搬する分子が不可欠となる．この機能をもつ分子は，酸素との可逆的な結合能を有している．このような分子における酸素の着脱の機構についても紹介する．

5.1 酸素分子の化学

O_2 のルイス構造を図5.1に示した．O原子には価電子が6個存在するため，図に示したようにO原子同士の結合は二重結合となる．それぞれの原子には，共有電子対が2対と非共有電子対が2対存在していて，オクテット則が満たされている．一方，O_2 は常磁性物質として知られている．常磁性物質とは磁場中におかれると磁場の方向に磁化される物質のことであり，この性質は分子中に存在する不対電子により生じる．しかし，O_2 のルイス構造をみる限り，不対電子の存在をよみとることはできない．この構造と物性の間の矛盾はルイス構造が経験的なオクテット則に基づいたものであることに起因していて，その限界を示しているともいえる．

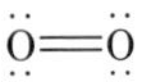

$$\ddot{O}=\ddot{O}$$

図 5.1 酸素分子のルイス構造．

5.1.1 酸素分子の電子配置

O_2 の物性を理解するには，分子軌道法を用いる必要がある．O原子の価電子は2s軌道と2p軌道にあるので，1.3.2項で示したように各原子軌道の対称性に注意しながら分子軌道をつくっていこう．ここでは，二つのO原子の結合軸をz軸方向とし，この方向を紙面では横方向にとる（図5.2）．また，x軸は紙面の縦方向で，y軸は紙面と垂直方向とする．

まず，2s軌道同士の相互作用を考えると，図(a)に示す結合性のσ軌道と反結合性のσ^*軌道が形成される．これらは，2s軌道から形成されたことを示すために2sσ，2sσ^*の記号で示す．2p軌道同士の場合には，σ軌道とπ軌道の2種類の軌道が生じる．図(b)に示すようにp_z軌道同士の相互作用からはσ軌道が生じる．同一符合の領域が重なると結合性のσ軌道が生成し，異なる符号の領域が重なると反結合性のσ^*軌道が生成する．この軌道は，2p_z軌道から生じたことからそれぞれ2$p_z\sigma$と2$p_z\sigma^*$の記号で示す．一方，2p軌道の側面からの相互作用からはπ軌道が生じる．図(c)に示すように同一符号の領域の重なりから結合性のπ軌道が，また異符号の領域の重なりから反結合性のπ^*軌道が生じる．

5.1 酸素分子の化学　139

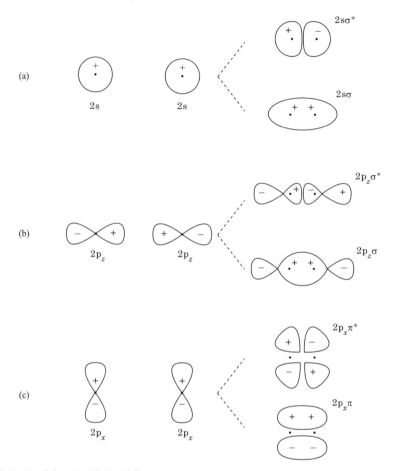

図 5.2 酸素の分子軌道の形成.
2s-2s 間の相互作用により結合性軌道（2sσ）と反結合性軌道（2sσ*）が生じる (a)．2p_z-2p_z 間の相互作用により結合性軌道（2p_zσ）と反結合性軌道（2p_zσ*）が生じる (b)．2p_x-2p_x 間の相互作用により結合性軌道（2p_xπ）と反結合性軌道（2p_xπ*）が生じる (c)．

これらは，2p_x 軌道同士から生じるのでそれぞれ 2p_xπ，2p_xπ* で示す．2p_x 軌道が紙面上にあるため，これらの分子軌道も紙面上となる．同様の相互作用は 2p_y 軌道同士からも生じ，2p_yπ と 2p_yπ* で示す．この分子軌道は，2p_y 軌道と同様に紙面と垂直方向に伸びている．

　得られた分子軌道のエネルギー準位を図 5.3 に示す．2sσ 軌道と 2sσ* 軌道は

5 酸素分子

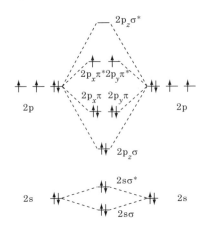

図 5.3 酸素の分子軌道への電子の充塡．

2s 軌道の相互作用で生成するため，2p 軌道から生成される軌道よりもエネルギーが低い．また，当然ながら 2sσ 軌道は 2sσ* 軌道よりもエネルギーが低い．$2p_z$ 軌道同士から生成する σ 軌道は，$2p_x$ 軌道同士あるいは $2p_y$ 軌道同士から生じる π 軌道と比べて原子軌道同士の重なりが大きい．このため，安定化する度合いも，また逆に不安定化する度合いも大きい．また，$2p_x$π 軌道と $2p_y$π 軌道および $2p_x$π* 軌道と $2p_y$π* 軌道は，空間における分布の方向が異なるだけなのでエネルギーは等しい．以上から，各分子軌道の有するエネルギーは 2sσ < 2sσ* < $2p_z$σ < $2p_x$π = $2p_y$π < $2p_x$π* = $2p_y$π* < $2p_z$σ* の順に高くなる．

　O 原子の価電子を図 5.3 の分子軌道に入れていこう．O 原子には 6 個の価電子があるので，価電子の総数は 12 個となる．これらの電子をエネルギーの低い分子軌道から順に電子を収容していく．最初の 10 個は，2sσ，2sσ*，$2p_z$σ，$2p_x$π，$2p_y$π の軌道におのおの 2 個ずつ収容される．このとき，各軌道の電子はそれぞれスピンが対をつくっている．残りの電子 2 個は，$2p_x$π* 軌道と $2p_y$π* 軌道に収容されるが，両方の軌道のエネルギーが等しいため，フントの規則により両方の軌道にそれぞれ 1 個ずつ収容される．このとき，両方の電子の電子スピンは同一方向となる．この電子配置はエネルギーがもっとも低くなるように電子を分子軌道に割りふったものであるため，O_2 の基底状態を示している．つまり，基底状態の O_2 には不対電子が 2 個存在していることがわかる．このように電子スピン 2 個が同一方向を向いているスピン状態を三重項（triplet）という

5.1 酸素分子の化学 141

Box 5.1

不対電子をもつ分子

　パウリの排他原理による制約のため，たいていの分子では電子は反対のスピンをもつ電子と対をつくって軌道に収容されている．しかし，一部の分子ではこの電子対が形成されていないこともある．たとえば，図 B5.1-1 に示すジフェニル-ピクリル-ヒドラジル（DPPH）があげられる．この分子では N 原子の周りには電子が 7 個であり，不対電子が 1 個存在する．電子のスピン量子数 s は 1/2 であるので，この分子を磁場のなかに入れるとゼーマン効果により磁場方向のスピン成分 m_s が +1/2 と −1/2 の二つの状態に分かれる．$m_s =$ +1/2 の状態と $m_s =$ −1/2 の状態では磁場との相互作用で生じるエネルギーが異なり，このことは，磁場により縮退が解けたことを意味する．つまり，DPPH は二重に縮退していたことになり，このためこの分子のスピン状態は二重項（doublet）といわれる．ちなみに，このエネルギー差に相当する電磁波を照射し，その吸収を観測するのが電子スピン共鳴法（electron spin resonance）といわれる分析法である．

　O_2 では二つの電子が対をつくらずに軌道に収容されている．両者のスピンは同一の方向であるために全スピン量子数は 1/2 + 1/2 = 1 となる．このとき，磁場のなかにおかれると m_s は −1，0，+1 の三つのエネルギー状態をとるようになる．このために O_2 のスピン状態は三重項といわれる．一方，大部分の有機化合物では電子が反対のスピンと対をつくっているために磁場のなかに入れても電子スピンによる分裂は生じない．このような分子ではスピン状態は一つであり，一重項といわれる．

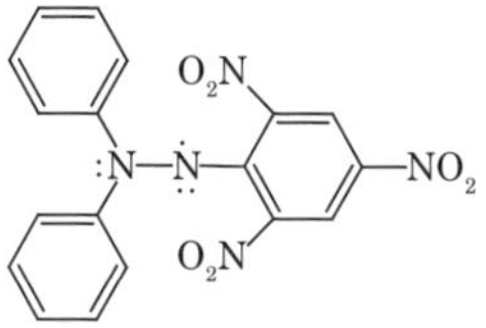

図 B5.1-1　DPPH の構造.

142　　5　酸　素　分　子

(Box 5.1). 有機化合物では，ほとんどの場合すべての電子はスピンを逆方向の対として各軌道に収容されている．このスピン状態は一重項（singlet）といわれるもので，これと比べると O_2 の基底三重項状態は対照的といえる．

　分子軌道法での結合次数は式(1.1) で定義した．これによると O_2 は結合性軌道に 8 個，反結合性軌道に 4 個の電子が存在するので，結合次数は $(8 - 4)/2 = 2$ と計算される．これは，ルイス構造での二重結合に対応している．

5.1.2　活　性　酸　素

　活性酸素（active oxygen）とは，三重項酸素よりも反応性が大きい O_2，あるいは三重項酸素が部分的に酸化されて生じた物質をいう．

　活性酸素に分類される O_2 に一重項酸素がある．この O_2 は光増感剤の存在下において光照射で生成し，きわめて反応性に富んでいる．電子配置は図 5.4 のように電子が同一の π^* 軌道（たとえば $2p_x\pi^*$ 軌道）に対をつくって収容される場合（$^1\Delta_g$，図(a)），あるいはべつべつの π^* 軌道にスピンが反対向きで収容される

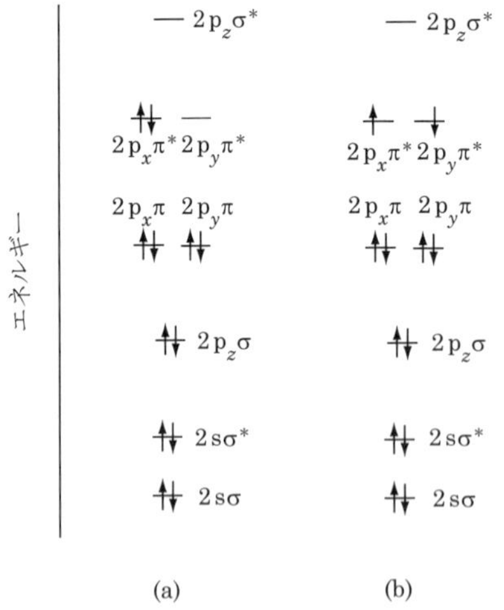

図 5.4　一重項酸素の電子配置．
$^1\Delta_g$ の電子配置 (a) と $^1\Sigma_g^+$ の電子配置 (b)．

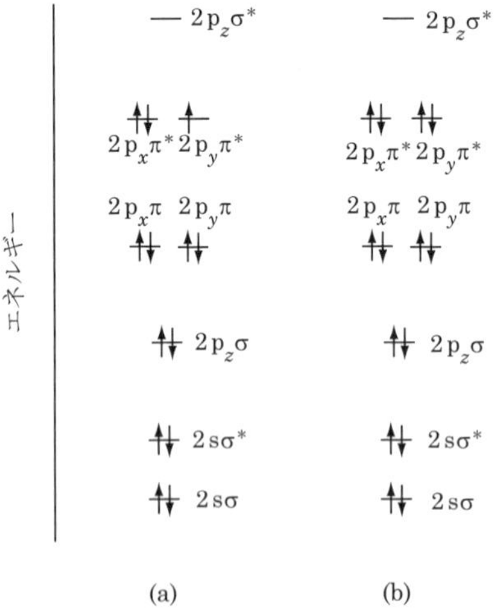

図 5.5　酸素関連分子種イオンの電子配置．
超酸化物イオン (a) と過酸化物イオン (b)．

5.1 酸素分子の化学 143

表 5.1 酸素分子ならびにその関連分子種の結合次数，結合距離，結合
エネルギーおよび伸縮振動数

酸素分子種	結合次数	結合距離/pm	結合エネルギー[a]/kJ mol^{-1}	伸縮振動数/cm^{-1}
O_2	2	121	494	1560
O_2^-	1.5	128	272	1150〜1100
O_2^{2-}	1	149	207	850〜740

[a] O_2 は O 原子と O 原子への，O_2^- は O 原子と OH への，O_2^{2-} は OH と OH への解離エネルギー.

場合（$^1\Sigma_g^+$，図 5.4(b)）がある．一重項状態は三重項状態よりもエネルギーが大きく，励起状態にある．

O_2 の還元では一連の活性酸素が生じる．一電子還元では超酸化物（スーパーオキシド，superoxide）イオン（O_2^-）となる．電子配置は，図 5.5(a) に示すように一方の π^* 軌道に 1 対の電子が，もう一方の π^* 軌道に 1 個の電子が収容されたものとなっている．O_2 のときより反結合性軌道に存在する電子が一つ増えたので結合次数は 1.5 となり，O—O 間の結合力も低下する．O_2^- をさらに一電子還元すると過酸化物（ペルオキシド，peroxide）イオン（O_2^{2-}）が生成する．このイオンの電子配置を図(b) に示したが，π^* 軌道は二つとも 1 対の電子で占められている．このため結合次数は 1 となり，O_2^- よりも O—O 間の結合力は低下する．

表 5.1 に酸素分子種における O—O 結合の物理的特性をまとめた．還元にともない結合次数が低下し，結合距離が増大していく一方，結合エネルギーと O—O 結合の伸縮振動数が低下している．

5.1.3 酸素分子と活性酸素の式量電位

O_2 の熱力学的な反応性は，関連する反応の式量電位で知ることができる．表 5.2 に，O_2 ならびにその還元で生じる関連分子種の式量電位を示す．O_2 の一電子還元で超酸化物イオン（O_2^-）が生じるが，この反応の式量電位は -0.33 V と負の値をとる．このため O_2 の電子 1 個による酸化力は比較的弱い．O_2^- の一電子還元からは過酸化水素（H_2O_2）が生じる．このときの式量電位は 0.89 V で，O_2^- は強い酸化剤となる．このことから O_2 は電子 1 個を受け取る能力は低いが，

144   5 酸 素 分 子

表 5.2 酸素ならびにその関連分子種の式量電位

反 応	式量電位/V
$O_2 + e^- \longrightarrow O_2^-$	-0.33
$O_2^- + 2\,H^+ + e^- \longrightarrow H_2O_2$	0.89
$H_2O_2 + H^+ + e^- \longrightarrow H_2O + OH\cdot$	0.38
$OH\cdot + H^+ + e^- \longrightarrow H_2O$	2.31
$O_2 + 2\,H^+ + 2\,e^- \longrightarrow H_2O_2$	0.281
$H_2O_2 + 2\,H^+ + 2\,e^- \longrightarrow 2\,H_2O$	1.349
$O_2 + 4\,H^+ + 4\,e^- \longrightarrow 2\,H_2O$	0.815

ひとたび電子を受容し O_2^- になると強い酸化力を示すようになることが理解できる．H_2O_2 を一電子還元するとヒドロキシラジカル（hydroxy radical）が生じる．この反応の式量電位は 0.38 V であり，H_2O_2 は，一電子反応では比較的弱い酸化剤になる．一方，生じたヒドロキシラジカルは一電子還元で H_2O となるが，この反応の式量電位は 2.31 V と非常に高く，きわめて強い酸化剤といえる．

O_2 の二電子還元では H_2O_2 が生じる．この反応の式量電位は 0.281 V であるのに対し，H_2O_2 の二電子還元で H_2O を生じる反応の式量電位は 1.349 V とかなり高い．また，O_2 の四電子還元では 0.815 V の式量電位を示し，酸化力が高い．すなわち，O_2 による酸化は最初の 2 電子までは比較的弱いが，その後の二電子酸化は高いものになる．なお，O_2 の一電子還元と O_2^- の一電子還元では前者のほうが式量電位が低いため，不均化反応，

$$2\,O_2^- + 2\,H^+ \longrightarrow H_2O_2 + O_2 \tag{5.1}$$

が可能である．この反応は生物体内でも生じており，これを触媒する酵素はスーパーオキシドディスムターゼ（superoxide dismutase, SOD）といわれる（6.5 節参照）．

5.1.4 酸素分子と有機化合物の反応

O_2 の四電子還元反応における式量電位が高い値を示すため，O_2 はこの値よりも式量電位が低い物質を酸化することができる．しかし，この条件を満たす物質であっても，その反応性は一般に悪い．この理由の一つとして，最初の一電子還

元による超酸化物イオン（O_2^-）の生成反応，あるいは二電子還元による H_2O_2 の生成反応における式量電位が比較的低いことがあげられる．基質と O_2 との反応は，一般にいくつかの素反応で構成されているが，基質の電子 4 個が O_2 へ一度に移動する素反応は考えにくい．最初に基質からの 1 電子，あるいは 2 電子の供与が行われる素反応が組み合わされて反応が進行する機構のほうが現実的であるが，この場合には O_2 の式量電位はそれほど高くないために O_2 による酸化反応は生じにくい．

　もう一つの理由として，O_2 が基底状態で三重項状態であることがあげられる．メタン（CH_4）が O_2 と反応してメタノール（CH_3OH）となる反応を考えよう．

$$2\,CH_4(\uparrow\downarrow) + O_2(\uparrow\uparrow) \quad\longrightarrow\quad 2\,CH_3OH(\uparrow\downarrow) \tag{5.2}$$

ここで，矢印は電子スピンの向きを示している．CH_4 と CH_3OH ではすべての電子スピンが対をつくった一重項状態となっているが，O_2 には 2 個の同一方向のスピンがあるので，反応前では正味 2 個のスピンが同一方向となっている．熱力学的観点からはギブズエネルギーが減少するためにこの反応は進行するといえるが，たんに CH_4 と O_2 を混合しても反応は進行しない．これは，反応の前後でのスピンの保存則を満たしていないためである．

　これと好対照を示すのが，ラジカルをもつ分子との反応である．脂質の過酸化は二重結合にはさまれたメチレン基の H 原子が引き抜かれたラジカルの形成から始まるが，O_2 はこのような分子と容易に反応を行う．H 原子が引き抜かれたラジカル分子を L・で表すと，O_2 との反応は，

$$L\cdot(\downarrow) + O_2(\uparrow\uparrow) \quad\longrightarrow\quad LOO\cdot(\uparrow) \tag{5.3}$$

で示される．この反応では，O_2 は上向きのスピンを 2 個，ラジカル分子は下向きのスピンを 1 個もっているため，反応前では全体として上向きのスピンが 1 個となる．反応後では，不対電子が 1 個であり，これが上向きのスピンをもっているので反応前後でのスピンは保存されている．このため，反応の進行は容易となる．

5.2 酸素運搬体

O_2 は体積で大気の 20% を占め，大気と接している H_2O には 25℃ で 1 L 当たり 8 mg の O_2 が溶解している．しかし，この濃度では大型の動物の呼吸をまかなうには至らない．そのため，大型の動物は O_2 と結合してその溶解性を高める分子をもっており，大気からの O_2 の運搬を行っている．

5.2.1 酸素運搬体と酸素貯蔵体

代表的な酸素運搬体を表 5.3 に示す．すべてタンパク質で，O_2 が結合したものはオキシ型（oxy form），解離したものはデオキシ型（deoxy form）とよばれる．オキシ型だけあるいはオキシ型とデオキシ型の両方が着色しているため，呼吸色素（respiration pigment）ともいわれる．

ヘモグロビン（hemoglobin）は脊椎動物の酸素運搬体で，赤血球中に存在する．デオキシ型は紫色を，オキシ型は赤色を呈する．ヒトヘモグロビンは，α鎖（アミノ酸残基数 141）と β鎖（アミノ酸残基数 146）とよばれるそれぞれ 2 対のポリペプチドからなる四量体であり，それぞれのポリペプチド鎖はプロトヘムを補欠分子族（prosthetic group）として 1 分子含んでいる．O_2 との結合はプロトヘムの Fe を介して行われる．この結合部位の三次元構造は α鎖，β鎖ともほぼ同等であり，1 分子のヘモグロビンに 4 分子の O_2 が結合できる．

表 5.3 代表的な酸素運搬体とその特徴

名　称	ヘモグロビン	ヘムエリトリン	ヘモシアニン
生物種	ヒ　ト	ホシムシ	カ　ニ
分子量	64 000	108 000	約 900 000
サブユニット数	4	8	12
色調　デオキシ型	紫	無　色	無　色
オキシ型	赤	赤　紫	青
酸素結合部位	ヘム鉄	複核鉄	複核銅
伸縮振動数/cm^{-1} [a]	1107	844	750
酸素結合部位の構造	図 5.8	図 5.9	図 5.10

[a] 共鳴ラマン法で測定した O—O 結合の伸縮振動数．

脊椎動物の筋肉にはミオグロビン（myoglobin, Mb）とよばれる呼吸色素が存在し，酸素貯蔵体として機能している．ミオグロビンはポリペプチドとプロトヘムそれぞれ1分子からなる単量体であり，1分子当たり1分子の O_2 と結合する．酸素結合部位はヘモグロビンの場合と同様の三次元構造をとっている．

ヘムエリトリン（hemerythrin）は，ホシムシ類，エラヒキムシ類などの海産の無脊椎動物の酸素運搬体で，血球中に存在する．デオキシ型は無色で，O_2 と結合したオキシ型は赤紫色を呈する．ホシムシのヘムエリトリンは八量体から構成されており，各サブユニット中に存在する鉄二核中心が O_2 結合部位となっている．また，これらの動物の筋肉には O_2 の貯蔵を行うミオヘムエリトリン（myohemerythrin）が存在している．これは，ヘムエリトリン単量体の類似タンパク質で，鉄二核中心が酸素結合部位となっている．

ヘモシアニン（hemocyanin）は軟体動物や甲殻類の呼吸色素である．ヘモグロビンやヘムエリトリンが血球という細胞内に存在しているのと対照的に，ヘモシアニンは血リンパ液[*1]，すなわち細胞外に存在する．デオキシ型は無色で，オキシ型は青色（cyan）を呈し，これがその名称の由来である．ヘモシアニンには銅二核中心が存在し，この部位に O_2 が結合する．カニ類のヘモシアニンは分子量約7600のポリペプチドが会合したもので，各サブユニットには一つの銅二核中心が存在する．なお，カタツムリのヘモシアニンはポリペプチド鎖1個当たり7，8個の銅二核中心が存在し，これがさらに会合したものとなっている．

5.2.2 酸素運搬体と酸素結合の熱力学

酸素運搬体，酸素貯蔵体とも O_2 との可逆的結合が必要である．ここでは，ヘモグロビンとミオグロビンを例として取り上げよう．

ミオグロビンのデオキシ型とオキシ型をそれぞれ Mb と MbO_2 で表記する．これを用いると，ミオグロビンと O_2 との反応は，

$$Mb + O_2 \rightleftarrows MbO_2 \tag{5.4}$$

で表される．この反応の平衡定数 K_c^{Mb} は，

[*1] 軟体動物や節足動物では血液とリンパ液の区別がないため，こうよばれる．

$$K_c^{Mb} = \frac{[MbO_2]}{[Mb][O_2]} \tag{5.5}$$

となる．ここで，$[O_2]$は溶存酸素濃度を示しているが，この値は大気の酸素分圧$p(O_2)$でおき換えることができる．つまり，ヘンリーの法則（Henry's law）から，$[O_2]$が$p(O_2)$に比例することが知られているため，$p(O_2)$を用いた平衡定数K_p^{Mb}を，

$$K_p^{Mb} = \frac{[MbO_2]}{[Mb]p(O_2)} \tag{5.6}$$

で定義することができる．全部の Mb 分子のなかでO_2と結合している分子の割合，すなわち Mb のO_2による飽和度θは，K_p^{Mb}を用いると，

$$\theta = \frac{[MbO_2]}{[Mb]+[MbO_2]} = \frac{K_p^{Mb}p(O_2)}{1+K_p^{Mb}p(O_2)} \tag{5.7}$$

で示される．酸素分圧に対してθをプロットすると，図5.6(a)に示す双曲線型の曲線が得られる．

ヘモグロビン（Hb）での酸素飽和度を表す式は，式(5.6)とは異なったものとなる．これはK_p^{Hb}を定数として，ヒルの経験式（Hill equation），

$$\theta = \frac{K_p^{Hb}p(O_2)^n}{1+K_p^{Hb}p(O_2)^n} \tag{5.8}$$

で表される．酸素分圧との関係は図(b)に示すシグモイド型となり，アロステリック効果（allosteric effect，協同効果ともいう）を示す．nはヒル係数（Hill

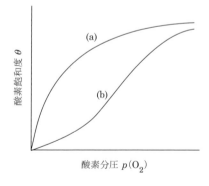

図 5.6 酸素分圧によるミオグロビン(a)とヘモグロビン(b)の酸素飽和度の変化．

constant）といわれる数値で，アロステリック効果の度合いを表す．このような
アロステリック効果は，ヘモグロビンの一つのヘムへ O_2 が結合することにより，
残りのヘムの O_2 に対する親和力が増加するために生じる．このために，ヘモグ
ロビンは酸素分圧の高い肺では酸素親和性を増加させ，また逆に酸素分圧の低い
末梢組織では酸素親和性を低下させる．これは酸素輸送をより効率的に行うこと
を可能とし，生理学的にも理にかなったものである．

5.2.3 酸素結合の分子機構

a. ヘモグロビン

　ヘモグロビンとミオグロビンの O_2 との結合はプロトヘム（ヘム b）を通して
行われる．まず，プロトヘムと O_2 との反応のようすをみてみよう．この反応を
図5.7に示す．最初に Fe が二価のプロトヘム（以下 Por-Fe^{II} と略記）に O_2 が
結合する．その後，O_2 が Por-Fe^{II} を一電子酸化し，Fe^{II} は Fe^{III}（以下 Por-
Fe^{III} と略記）に，また O_2 は超酸化物イオン（O_2^-）となる（図(a)）．この複合
体に，Por-Fe^{II} がさらに反応すると，O_2^- が Fe^{II} を一電子酸化して2分子の
Por-Fe^{III} が O_2^- で架橋された複合体が生じる（図(b)）．ここで，O_2^- が O—O
間の結合電子対を等分して，つまり，ホモリシスで開裂すると，図(c)で示した
ように O 原子にはオクテットが形成されなくなる．このため，O 原子からの電
子1個と Fe^{III} からの電子1個とで Fe—O 間の結合電子対が形成する．その結
果，Fe^{III} は Fe^{IV} に酸化され，Fe^{IV}—O 間に二重結合が形成される．このように
二重結合をもつ O 原子をオキソ基（oxo group）という．O_2^- の開裂の結果，
Por-Fe^{III} と O_2^- との複合体から Fe^{IV} にオキソ基が結合したプロトヘムが2分子
生成する（図(c)）．この分子がさらに Fe^{II} のプロトヘムを酸化すると，図(d)
で示すように Por-Fe^{III} が O^{2-} で架橋された分子が生成する．この一連の反応の
なかで，図5.7の（a）と（b）の反応は可逆過程であるが，（c）と（d）は非可
逆過程である．このため，全体としては酸化物イオンの架橋体の形成が進行し，
O_2 との結合は非可逆過程となる．

　ヘモグロビンの酸素結合部位近くの構造を図5.8に示した．デオキシヘモグロ
ビンでは Fe は二価の高スピン状態にあり，ポルフィリンの N 原子4個とヒス
チジン（近位ヒスチジンという）の N 原子が配位した五配位構造をとっている

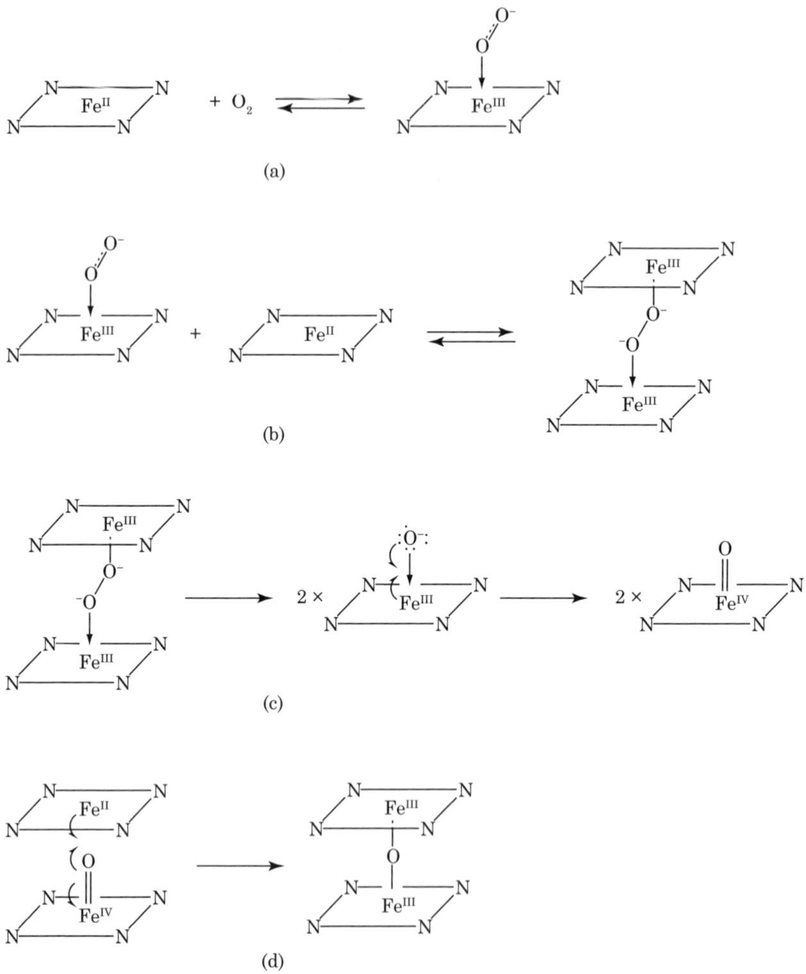

図 5.7　プロトヘムと酸素分子との反応.

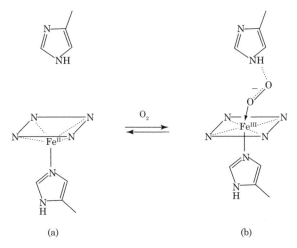

図 5.8 ヘモグロビンの酸素分子との結合によるヘム鉄近くの構造変化.
デオキシヘモグロビン (a) とオキシヘモグロビン (b).

(図5.8(a)). 高スピンの Fe^{II} はイオン半径が大きいため，ポルフィリンの四つのN原子がつくる面内におさまらない．その結果，図に示したようにポルフィリンの分子面から0.5Åほど下側に位置し，ポルフィリン環をドーム状にひずませている．O_2 は，この部位への結合で Fe^{II} から一電子還元を受け，O_2^- になる．このことは，O—O間の伸縮振動に起因するラマンスペクトルから推定されている．O_2 はポルフィリン環に対して斜めの方向から結合を形成し，Fe—O—O角は約120°を示す．また，生じた O_2^- の上部にはグロビンタンパク質のヒスチジン残基（遠位ヒスチジンという）が存在し，イミダゾールのNH基が O_2^- と水素結合を形成することで結合の安定化を図っている（図(b)）．このように，タンパク質の内部に埋め込まれることで，O_2^- のさらなる還元反応を生じにくくしている．

Fe^{II} が酸化されて Fe^{III} の低スピン状態になると，Feのイオン半径が減少する．このため Fe^{III} はポルフィリン平面内に移動するようになる．この構造変化にともなって近位ヒスチジンもヘム鉄側に引き寄せられる（図(b)）．このようなタンパク質の立体構造の変化は，サブユニット構造をもつヘモグロビンの機能発現において重要な役割を演じている．すなわち，ヘモグロビンの一つのサブユニットのヘム鉄に O_2 が結合することで生じる三次元構造の変化は，これと隣接する

サブユニットの立体構造の変化を引き起こし，デオキシ型サブユニットの O_2 に対する親和性を上昇させる．その結果として酸素結合に関するアロステリック効果が生じてくる．

O_2 の結合部位に Cl^- などの陰イオンが進入してくると，O_2^- と置換して Fe^{III} の呼吸色素となる．ミオグロビンではこれをメトミオグロビン（metmyoglobin）といい，ヘモグロビンでは四つのサブユニットのなかの Fe がすべて三価に酸化されたものをメトヘモグロビン（methemoglobin）という．これらの呼吸色素では酸素結合に対する結合能は消失する．これは，メトヘモグロビンレダクターゼによりもとの呼吸色素へと還元される．

b. ヘムエリトリン

ヘムエリトリンの酸素結合部位は複核鉄から構成されている（図 5.9）．デオキシ型では Fe は両方とも二価の酸化状態にあり，Asp 残基と Glu 残基からのカルボキシ基と溶媒の H_2O から生じた水酸化物イオン（OH^-）を介した架橋構造をとっている．さらに，一方の Fe にはヒスチジン残基の N 原子が 3 個配位し，全体で六配位構造をとっている．もう一方の Fe はヒスチジン残基の N 原子が 2 個配位した五配位構造をとっている（図(a)）．

O_2 は五配位の Fe^{II} に 6 番目の配位子として結合する．その後，Fe^{II} から 1 電子ずつ，合計 2 電子の還元を受けて過酸化物イオン（O_2^{2-}）となる（図(b)）．共鳴ラマン法で測定した O—O 間の伸縮振動数はこの構造を支持している．Fe^{II}

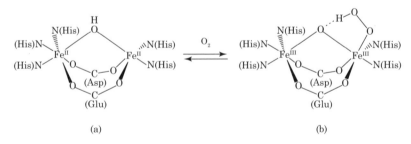

図 5.9 ヘムエリトリンの酸素分子との結合．
デオキシヘムエリトリン (a) とオキシヘムエリトリン (b)．
N(His) はヒスチジン残基の N 原子，C(Asp) はアスパラギン酸残基の C 原子，C(Glu) はグルタミン酸残基の C 原子を示す．

は酸化されて Fe^{III} となるため，電子求引性が強まり架橋している OH$^-$ の酸性度が上昇する．その結果，OH$^-$ から H$^+$ が放出され酸化物イオンとなる．O$_2^{2-}$ は H$^+$ を受容しヒドロペルオキシドイオン（HOO$^-$）となり，H$^+$ が酸化物イオンと水素結合を形成し安定化する．また，O$_2$ の結合部位は疎水的な環境が保たれている．これにより，O$_2^{2-}$ の H$_2$O との交換反応による H$_2$O$_2$ の放出が抑制されている．

c. ヘモシアニン

ヘモシアニンでの酸素結合は複核銅を介して行われる．デオキシ型では，両方の Cu は一価の酸化状態にあり，それぞれヒスチジンの N 原子が配位した三配位構造をとっている（図 5.10(a)）．O$_2$ は結合軸の側面で両方の Cu^I と結合する．同時に，O$_2$ はそれぞれの Cu^I から 1 電子ずつの還元を受け，過酸化物イオン（O$_2^{2-}$）となる（図(b)）．O—O 結合の伸縮振動は 750 cm^{-1} で，O$_2^{2-}$ のそれよりも小さい．これは以下のように考えられる．すなわち，Cu^{II} の d$_{x^2-y^2}$ 軌道と O—O 結合の 2sσ* 軌道とは対称性が同じため，相互作用が可能である．この相互作用の結果，d$_{x^2-y^2}$ 軌道にある電子が Cu^{II} から O$_2^{2-}$ の 2sσ* 軌道へ部分的に流れていく（逆供与）．これは反結合性軌道に電子が部分的に充填されることを

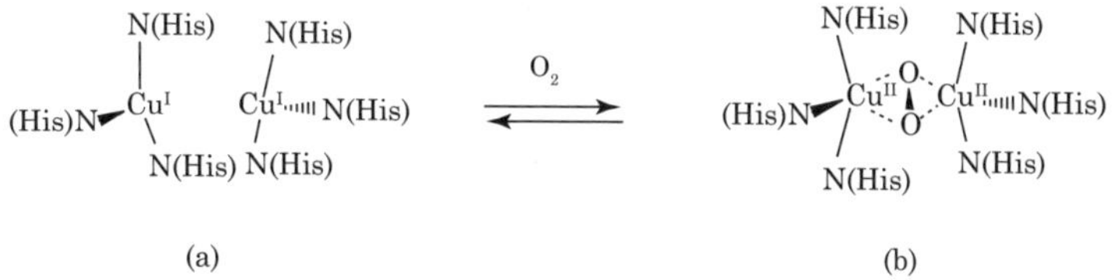

図 5.10 ヘモシアニンの酸素分子との結合．
　　　　デオキシヘモシアニン (a) とオキシヘモシアニン (b)．
　　　　N(His) はヒスチジン残基の N 原子を示す．

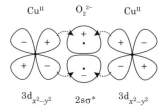

図 5.11 ヘモシアニンの分子軌道．

154   5 酸 素 分 子

意味しており，その結果 O—O 間の結合が弱まると解釈される（図 5.11）.

　ヘモシアニンのオキシ型は青色を呈する．これは，O_2 の結合で生じた $O_2{}^{2-}$ の $2p\pi^*$ 軌道にある電子の，Cu^{II} の 3d 軌道への遷移で生じると考えられている．この遷移は，電荷移動による吸収のためその強度が高い．一方，デオキシ型では O_2 が結合していないし，また Cu^I は $3d^{10}$ の電子配置であるために 3d 軌道への電子遷移ができない．このため可視光を吸収せず，無色を呈する．

6

酸化還元酵素

　生物内で生じる反応の多くは酸化還元反応に分類される．酸化還元酵素（oxidoreductase）はこれらの反応を触媒するもので，大部分は金属イオンを含む．

　酸化還元反応は電子の授受をともなう．酸化酵素（オキシダーゼ，oxidase）が行う反応では，基質から生じた電子が酸素分子に受容される．この反応のなかには酸素分子の酸素原子が基質分子に直接に取り込まれる反応もある．また，ペルオキシダーゼ（peroxidase）では電子受容体が過酸化水素になる．このような酸化反応を通して，生物はステロイドホルモンやジベレリンをはじめとした，生物にとって必須の物質の合成を行っている．つまり，酸素分子は呼吸におけるエネルギー代謝のほかに，物質代謝においても重要な物質といえる．

　一方，酸素分子は生命活動に不利益をもたらす場合もある．5章で述べたように，酸素分子それ自身の反応性は低いが，酸素分子の部分的な還元で生じる活性酸素種は強い酸化力を示す．このためこのような活性酸素種は種々の生体分子の酸化を行い有害な作用を呈する．好気的環境に生息する生物は，超酸化物イオンを酸素分子と過酸化水素に，また過酸化水素を酸素分子と水分子に変換する．絶対嫌気性生物（obligate anaerobe）といわれる生物はこのような機能が備わっていないため，酸素分子の存在下では生育することができない．したがって，この防御機構は好気的環境で生息するための不可欠の生理機能となっている．

　以上述べた反応では，ヘム鉄，非ヘム鉄，モリブデンなどの補因子が中心的な機能を発揮している．本章では，代表的な酵素反応を取り上げ，補因子の作用の詳細を解説しよう．

156   6 酸化還元酵素

6.1 ペルオキシダーゼ

過酸化水素（H_2O_2）を電子受容体とする基質の酸化はペルオキシダーゼで触媒される．ペルオキシダーゼの種類は多く，プロトヘム（protoheme）や Mn，V を補因子として有するもの，また活性中心がセレノシステインからなっているものもある．ここでは，プロトヘムが補因子として含まれるペルオキシダーゼについて紹介しよう．

6.1.1 ペルオキシダーゼによる反応

ペルオキシダーゼが触媒する反応は，基質を RH_2 で示すと一般に反応(6.1)あるいは反応(6.2) のいずれかで示される．

$$H_2O_2 + RH_2 \longrightarrow R + 2H_2O \tag{6.1}$$

$$H_2O_2 + 2RH_2 \longrightarrow HR{-}RH + 2H_2O \tag{6.2}$$

反応(6.1) では，H 原子，すなわち H^+ と電子が基質から引き抜かれ，H_2O_2 と

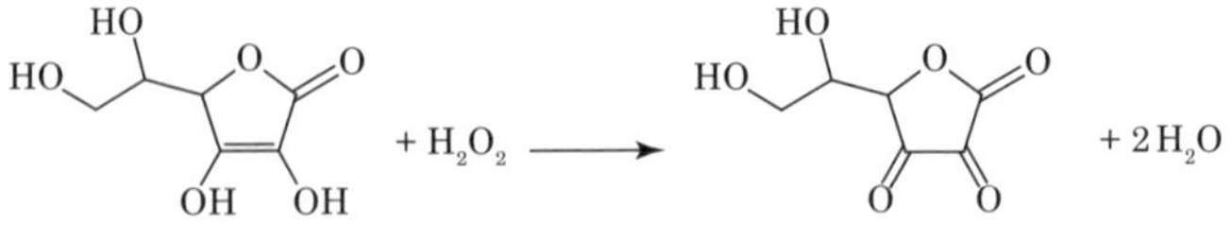

(a)

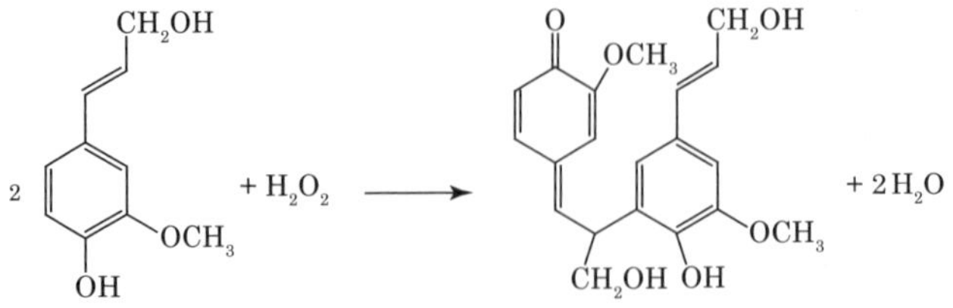

(b)

図 6.1　ペルオキシダーゼが触媒する反応の例．
アスコルビン酸の酸化 (a) とコニフェリルアルコールの重合 (b)．

反応して H_2O を生じる．この例として，アスコルビン酸ペルオキシダーゼがあげられる．これは図 6.1(a) に示したように，H_2O_2 をアスコルビン酸で H_2O に還元し，その毒性を軽減する．一方，反応(6.2) では基質の重合が生じている．この反応の例にはコニフェリルアルコールの重合があり（図(b)），高等植物のリグニン形成において重要な反応となっている．

反応(6.1) と反応(6.2) は一見すると異なる形式の反応が進行しているようにみえるが，実際には反応(6.3) に示すように，たんに基質から H 原子を引き抜いてラジカル（radical）RH・を形成する反応が生じているだけである．

$$H_2O_2 + 2\,RH_2 \longrightarrow 2\,RH\cdot + 2\,H_2O \tag{6.3}$$

ラジカルが生成したあとは，基質によりこのラジカル同士の反応機構が異なる．つまり，ラジカル同士の不均化（disproportionation）反応，

$$RH\cdot + RH\cdot \longrightarrow R + RH_2 \tag{6.4}$$

では，一方のラジカルから他方のラジカルに H 原子が転移（transition）し，結果的には基質から H 原子が 2 個取り去られた生成物が生じる．一方，ラジカル同士の結合反応，

$$RH\cdot + RH\cdot \longrightarrow HR\!-\!RH \tag{6.5}$$

からは基質 2 分子から重合物 1 分子が得られる．

6.1.2 ペルオキシダーゼの反応機構

西洋ワサビペルオキシダーゼ（horseradish peroxidase）を例に，その活性部位近くの構造とともに反応をみていこう．

① この酵素はプロトポルフィリンを補因子としている．休止状態では，Fe は三価の酸化状態をとっており，Fe^{III} にはポルフィリンの N 原子が平面状に，また 5 番目の配位座には His-170 の N 原子が下方から配位している．6 番目の配位座は空位となっており，すぐ近くには Arg-38 が，また離れた位置に His-42 が存在している（図 6.2(a)）．

② H_2O_2 から H^+ が解離する．H^+ は His-42 と結合を形成し，生じたヒドロペルオキシドイオン（HOO^-）の O 原子が Fe^{III} の 6 番目の配位座に配位する（図(b)〜(c)）．

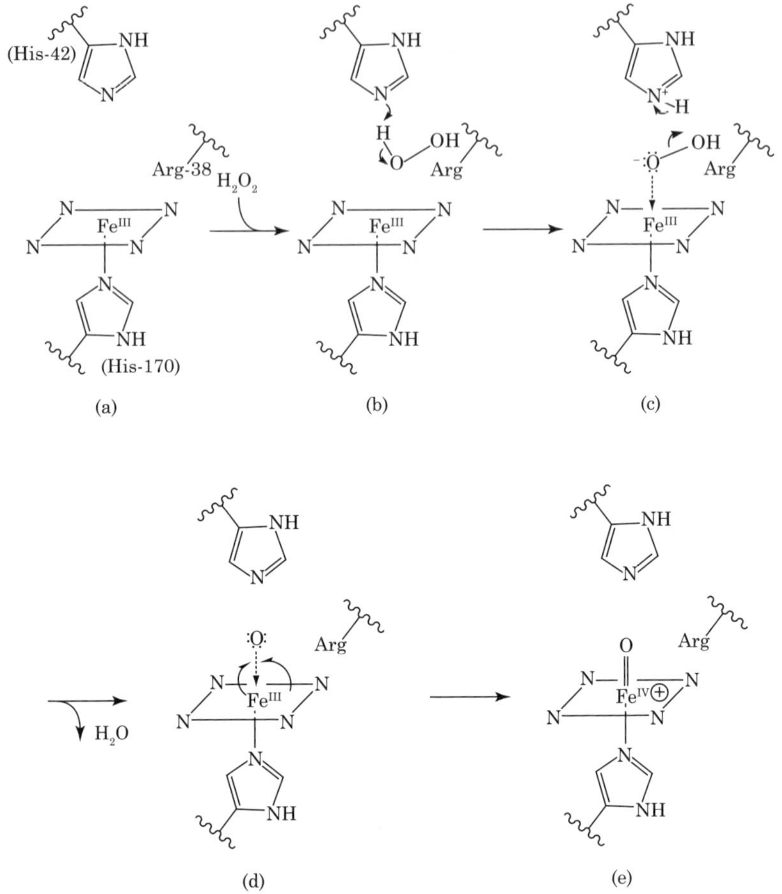

158   6 酸化還元酵素

図 6.2　ペルオキシダーゼにおけるコンパウンド I の形成.
Arg はアルギニン残基，His はヒスチジン残基，⊕はカチオンラジカルを
示し，O 原子と Fe との配位結合を点線の矢印で示す.

③　HOO^- の O—O 結合がヘテロリシス（heterolysis）で開裂する．すな
わち，O—O 間の共有電子対が His-42 に結合していた H^+ との間の共有
電子対へと移動し，H_2O を生成する（図 6.2(c)〜(d)）．Arg-38 の正電荷
は HOO^- の H^+ 化した O 原子の負電荷を安定化することでこの反応を促
進している．

④　Fe^{III} に結合していた O 原子では，周りに電子が 6 個しかなくオクテッ

ト則を満たしていない（図 6.2(d)）．このため Fe^{III} とポルフィリン環の
π電子から，おのおの電子1個ずつが供出され Fe^{IV}—O 間の共有電子対
が新たに1対形成される．このときの Fe^{IV} と O 原子の結合は二重結合と
なり，O 原子はオキソ基として配位していることになる．この状態の分
子はコンパウンド I といわれるもので，Fe^{IV} のオキソ体とポルフィリン
のカチオンラジカルを含む（図(e)）．

⑤ コンパウンド I（図 6.3(a)）は，Fe が Fe^{IV} と酸化状態が高く，またポ
ルフィリンからも電子が1個とれているため，ほかの物質から電子を奪
う傾向が強い．ポルフィリンカチオンラジカルのほうが Fe^{IV} よりも酸化
力が強いため，最初の RH_2 との反応では R—H 間の共有電子の1個がポ

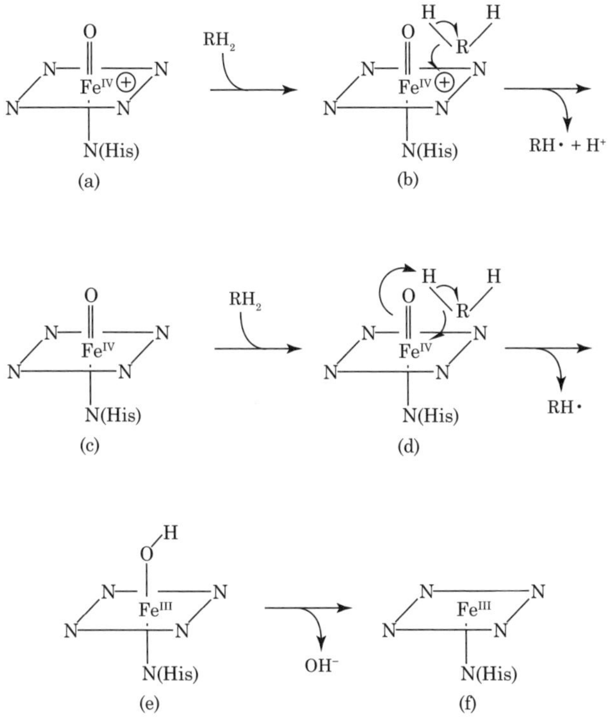

図 6.3 ペルオキシダーゼのコンパウンド I による基質の酸化．
RH_2 は基質分子，N(His) はヒスチジンの N 原子，⊕は
カチオンラジカルを示す．

ルフィリンに移り，カチオンラジカルが消去される．同時に H は H^+ と
して放出されラジカル RH・が形成される（図 6.3(b)〜(c)）．このとき，
ペルオキシダーゼの Fe^{IV} には依然としてオキソ基が結合している（図
(c)）．この状態の化合物はコンパウンド II といわれている．

⑥　コンパウンド II は二つ目の RH_2 と反応する（図(d)）．R—H 間の共有
電子 1 個は Fe^{IV} を Fe^{III} に還元するのに用いられる．同時に H^+ を放出し
ラジカル RH・が生成する．Fe は Fe^{IV} と酸化状態が高いときはオキソ基
を安定に保持できるが，Fe^{III} になると電子求引力が弱まるのでオキソ基
の共有電子対の 1 対が O 原子上に移動する．ここに H^+ が結合し，OH^-
が配位した状態となる（図(e)）．

⑦　Fe^{III} に結合していた OH^- を放出すると，休止状態の酵素となる（図
(f)）．OH^- は H^+ とで H_2O を形成する．

6.2　カ タ ラ ー ゼ

カタラーゼ（catalase）は H_2O_2 の不均化反応を触媒する酵素である．

$$2\,H_2O_2 \longrightarrow 2\,H_2O + O_2 \tag{6.6}$$

すなわち，一方の H_2O_2 は酸化剤として，他方の H_2O_2 は還元剤としてはたらく．
この反応は活性酸素種の一種である H_2O_2 を H_2O と O_2 に変換することで無秩序
な酸化反応が生じることを防いでいる．

　酵素の活性中心はヘム鉄で構成されている．Fe の 5 番目の配位座はチロシン
(Try) 残基の O 原子で占められており，その反対側の 6 番目の配位座の近くに
アスパラギン (Asn) 残基が位置している．また，これから離れたところをペル
オキシダーゼと同様にヒスチジン (His) 残基が占めている（図 6.4(a)）．反応
は，以下のように進行する．

①　休止状態では，Fe は Fe^{III} の状態となっている．最初の H_2O_2 が酵素に
結合し，そこから解離した H^+ が His 残基の N 原子と結合する．ペルオ
キシダーゼの場合と同様にヒドロペルオキシドイオン（HOO^-）が Fe^{III}
の 6 番目の配位座に配位する（図(b)）．

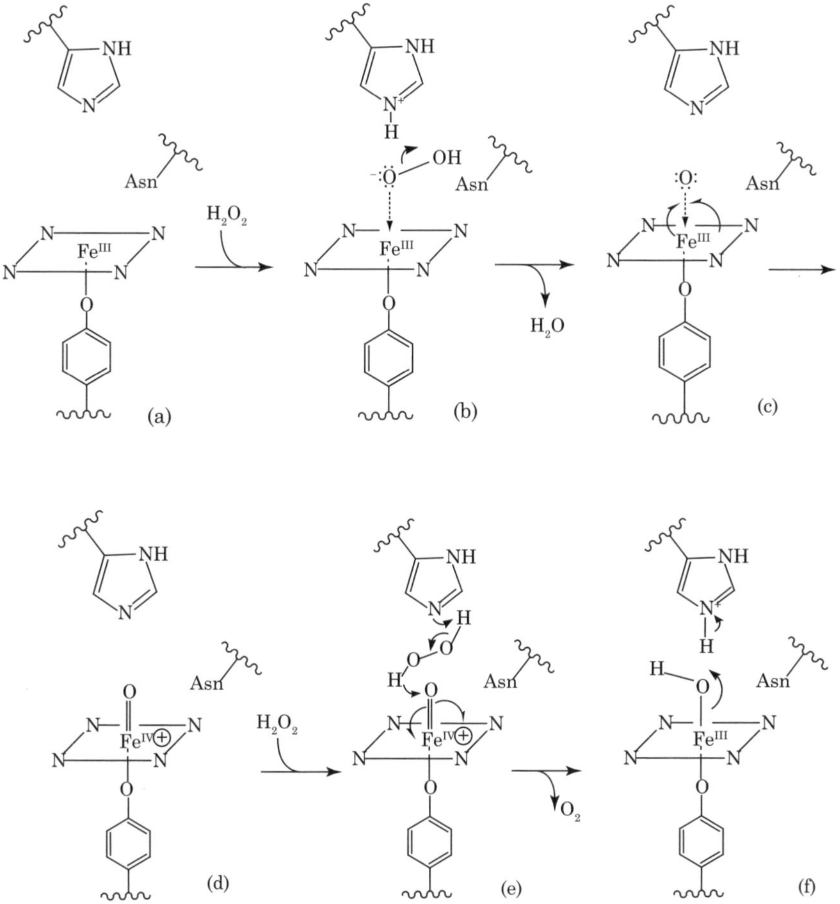

6.2 カタラーゼ　161

図 6.4　カタラーゼによる過酸化水素の不均化.
　　　　Asn はアスパラギン残基, ⊕はカチオンラジカルを示し, O 原子と Fe と
　　　　の配位結合を点線の矢印で示す.

② ヒドロペルオキシドの O—O 間の共有電子対が His 残基の N 原子に結
合していた H^+ との共有電子対となり, H_2O を生成する (図 6.4(b)〜
(c)). このとき, Asn 残基のアミド基の H 原子が, H^+ 化したヒドロペル
オキシドの O 原子と水素結合を形成し, O—O 結合のヘテロリシスによ
る開裂を促進している. ペルオキシダーゼのコンパウンド I の形成過程と
同様に, Fe はオキソ基が結合した Fe^{IV} となり, ポルフィリンにはカチオ

162　　6　酸化還元酵素

ンラジカルが生じる（図 6.4(d)）.

③　二つ目の H_2O_2 が酵素と結合する. このとき, 一方の H 原子は H^+ とし
て His 残基の N 原子に結合し, この H—O 間の共有電子対が O—O 間の
共有電子対となる. もう一方の H—O 間の共有電子対はオキソ基の O 原
子との間での H—O 間の共有電子対となり, O_2 を生成する. 同時に, Fe
とオキソ基との共有電子が Fe^{IV} とポルフィリンラジカルへと移動し, そ
れぞれ一電子還元を行う（図(e)）. その結果, Fe^{III} が形成されカチオン
ラジカルは消滅する.

④　Fe^{III} に結合していた OH 基と His 残基の N 原子に結合していた H^+ か
ら H_2O を生成し, 酵素は休止状態に戻る（図(f)）.

以上のような機構で H_2O_2 の分解が生じるため, $H_2{}^{16}O_2$ と $H_2{}^{18}O_2$ の混合物か
らは $^{16}O^{18}O$ は生じず, $^{16}O_2$ と $^{18}O_2$ だけが生成する. なお, カタラーゼでは二つ
目の H_2O_2 はコンパウンド I を二電子還元するため, コンパウンド II に相当す
る分子は生じない.

6.3　モノオキシゲナーゼ

オキシゲナーゼ（oxygenase）とは, O_2 を基質分子に直接取り込む酵素の総
称である. O_2 の O 原子 1 個が基質に取り込まれる反応はモノオキシゲナーゼ
（monooxygenase）で, また O_2 の O 原子 2 個すべてが取り込まれる反応はジオ
キシゲナーゼ（dioxygenase）で触媒される. ここでは, モノオキシゲナーゼの
代表的な分子であるシトクロム P450（cytochrome P450, CYP）の反応機構を
紹介しよう. ほかの CYP でも同様の機構で反応が進むと考えられる.

CYP は, 広範な種類の基質の酸素添加反応を行っている. 反応形式は図 6.5
に示したように, 脂肪族化合物や芳香族化合物のヒドロキシ化（図(a) と (b)）,
アミンのアミンオキシドへの酸化（図(c)）, またスルフィドのスルホキシドへの
酸化（図(d)）などがある. これらはすべて, O_2 に由来する O 原子が基質に添
加された反応となっている. CYP は, 脂肪酸, ステロール類, ビタミン類のヒ
ドロキシ化反応を触媒し, 生理機能の発現において重要な役割を果たしている.
また, 肝細胞では, 脂溶性の薬物をヒドロキシ化することで水溶性を高め, その

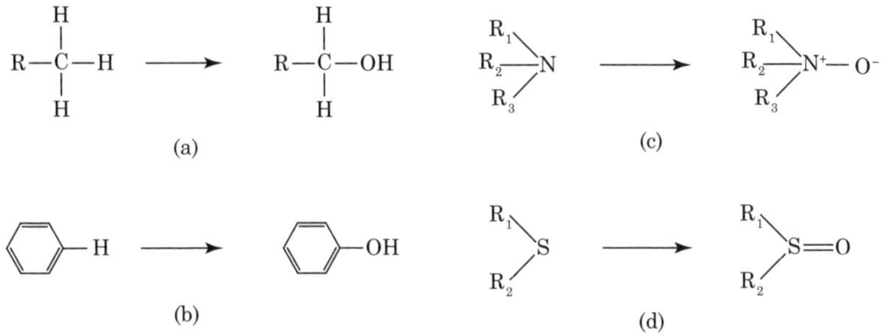

6.3 モノオキシゲナーゼ **163**

$$R\text{--}\overset{\displaystyle H}{\underset{\displaystyle H}{C}}\text{--}H \longrightarrow R\text{--}\overset{\displaystyle H}{\underset{\displaystyle H}{C}}\text{--}OH$$

(a)

$$\overset{R_1}{\underset{R_3}{\overset{|}{R_2\text{--}N}}} \longrightarrow \overset{R_1}{\underset{R_3}{\overset{|}{R_2\text{--}N^+\text{--}O^-}}}$$

(c)

$$\langle\!\!\!\bigcirc\!\!\!\rangle\text{--}H \longrightarrow \langle\!\!\!\bigcirc\!\!\!\rangle\text{--}OH$$

(b)

$$\underset{R_2}{\overset{R_1}{S}} \longrightarrow \underset{R_2}{\overset{R_1}{S}}\!\!=\!O$$

(d)

図 6.5 シトクロム P450 による触媒反応の例.
脂肪族化合物のヒドロキシ化 (a), 芳香族化合物のヒドロキシ化 (b), アミンの
アミンオキシドへの酸化 (c) およびスルフィドのスルホキシドへの酸化 (d).

排出を促進することで薬物毒性の解毒を行っている.

CYP にはプロトヘムが補因子として含まれている. 通常の Fe^{II} 状態のプロトヘムを含むタンパク質では, CO が結合すると波長 420 nm にソーレー帯（Soret band）の吸収を示す. 一方, Fe^{II} をもつ CYP に CO が結合すると, ソーレー吸収帯は 450 nm に現れる. この吸収波長が CYP の名称の由来となっている. CYP の多くは膜結合型であるため研究は簡単ではないが, *Pseudomonas putida* が生産するショウノウ（camphor）のヒドロキシ化酵素である CYP_{cam} は水溶性であり解析が進んでいる. ここでは CYP_{cam} の反応について述べよう.

CYP_{cam} は,

$$RH + O_2 + NADH + H^+ \longrightarrow ROH + H_2O + NAD^+ \tag{6.7}$$

で示したショウノウ（RH で示す）のヒドロキシ化を触媒する. この反応式の左辺には, 基質と酸化剤 O_2 および還元剤 NADH があり, 奇異にみえるが, NADH は O_2 を部分的に還元し活性化を行うために使用されている. O_2 のうち, O 原子 1 個は基質のヒドロキシ化に用いられ, 残りは H_2O の生成に用いられる.

全体の反応機構を図 6.6 に示した.

① CYP_{cam} に含まれるプロトヘムの Fe にはポルフィリン環の四つの N 原子が平面状に配位し, 5 番目の配位座をシステイン残基の S 原子が占めている. 休止状態では Fe は三価の酸化状態にあり, 6 番目の配位座には H_2O が結合している（図(a)）.

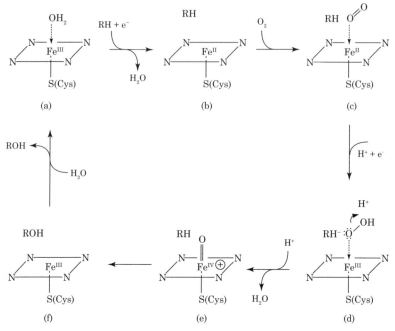

図 6.6 シトクロム P450 による基質分子のヒドロキシ化反応.
RH は基質分子,S(Cys) はシステイン残基の S 原子,⊕はカチオンラジカル,点線の矢印は O 原子と Fe との配位結合を示す.

② 基質の結合部位はタンパク質側にあり,これはプロトヘムの 6 番目の配位座の近くに位置している.基質の結合とともにプロトヘムに結合していた H_2O が解離し,CYP_{cam} の Fe^{III} は一電子還元を受ける(図 6.6(a)〜(b)).

③ 還元された CYP_{cam} では,プロトヘムの Fe が二価となり,これに O_2 が結合する(図(c)).この反応はヘモグロビンやミオグロビンでの酸素結合反応と類似している.すなわち,O_2 は Fe^{II} による一電子還元で超酸化物(スーパーオキシド)イオン(O_2^-)になる.このイオンはさらに一電子還元を受け,H^+ を取り込んで Fe^{III} にヒドロペルオキシドイオン(HOO^-)が結合した中間体を形成する(図(c)〜(d)).

④ この中間体からはペルオキシダーゼの場合と同様の機構でコンパウンド I 型の中間体が生じる.つまり,ヒドロペルオキソ基の O—O 結合が,ヘ

テロリシスで開裂し（図 6.6(d)），Fe^{IV} のオキソ体とポルフィリンラジカルで構成された中間体が生成する（図(e)）．

⑤ Fe^{IV} に結合したオキソ基の O 原子が RH の C—H 結合間に移動して ROH が形成される（図(f)）．さらに，ROH と H_2O が置換して休止状態に戻る．

さて，これらのなかでいくつかの重要な反応を詳しくみていこう．CYP_{cam} への電子の供給はプチダレドキシン（putidaredoxin）を介して行われる．このタンパク質は［2Fe-2S］の鉄-硫黄クラスターをもち，式量電位は $-0.196\,V$ である．一方の CYP_{cam} では，休止状態の式量電位は $-0.340\,V$ と低いためプチダレドキシンからの電子を受け取ることができない．しかし，基質が結合して H_2O が解離すると電位が $-0.173\,V$ に上昇し一電子還元を受けることができるようになる．この式量電位の変化はつぎのように考えればよい．つまり，休止状態では Fe^{III} に H_2O が配位しており，H_2O の O 原子からの電子が部分的に Fe^{III} に流れ込む．このため，Fe^{III} 上の負電荷の密度が高くなり，電子の受容が難しくなっている（電位が低下している）．これに対して，H_2O が放出されると，この負電荷の影響がなくなるため式量電位が上昇すると解釈される．

このような電子移動の制御は生理学的に重要な意味をもっている．もしも基質が結合していないときに CYP_{cam} の Fe^{III} が Fe^{II} に還元されるとすると，ここに O_2 が結合して高酸化性のコンパウンド I 型中間体が容易に形成されてしまうであろう．すなわち，基質以外の物質でも活性中心の近くに侵入するだけで，酸化反応が生じるようになる．このような無制御の酸化を防ぐために，基質が結合することによってはじめて CYP_{cam} が還元されるような機構をとっていると考えられる．なお，NADH からは一度に 2 電子が放出されるが，プチダレドキシンは電子を 1 個しか受容できない．このために，フラビンを有するフェレドキシンレダクターゼが NADH から電子を 2 個受け取り，プチダレドキシンへ電子を 1 個ずつ供与している．

基質への O 原子の挿入は H 原子の引抜きとヒドロキシラジカルの再結合で生じる．CPY_{cam} のコンパウンド I 型中間体は，ラジカルがポルフィリンに存在する構造（図 6.7(a-1)）と O 原子に存在する構造（図(a-2)）とが共鳴していると考えられる．CPY_{cam} では後者の寄与が大きいため，基質 RH から H 原子が引

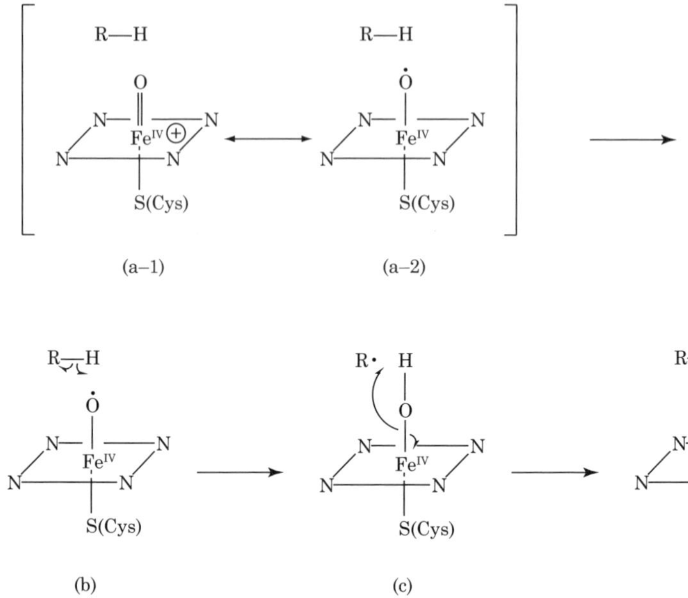

166 6 酸化還元酵素

図 6.7 シトクロム P450 のコンパウンド I 型中間体による基質分子のヒドロキシ化反応．コンパウンド I の共鳴構造（a），基質から H 原子の引抜き（b），基質ラジカルへヒドロキシラジカルの転位（c）および基質のヒドロキシ化（d）．
RH は基質分子，S(Cys) はシステイン残基の S 原子，⊕はカチオンラジカルを示す．

き抜かれる反応が優先して進行する（図 6.7(b)）．その結果，基質はラジカル R・となり，Fe^{IV} には OH 基が結合した中間体が生じる（図(c)）．ついで Fe^{IV} に結合した OH 基がラジカルとして解離し R・と結合することで ROH が生成される．このとき，Fe^{IV}—O 間の結合に使用されていた電子 1 個が Fe^{IV} の還元に用いられるので Fe^{III} 状態の CYP_{cam} が生成する（図(d)）．

CYP もペルオキシダーゼも，ポルフィリン環にラジカルをもつコンパウンド I 型中間体を経て反応が進行する．両者において，この中間体は類似した構造をとっているが，CYP では H 原子を，また，ペルオキシダーゼでは結合電子を奪いとることで反応が進行する．この違いはどこから来るのであろうか．

図 6.8 に CYP とペルオキシダーゼのヘム近くの構造を示した．両方の酵素ともオキソ基が Fe^{IV} に配位した構造と Fe^{IV}—O 間の O 原子上に不対電子が残った

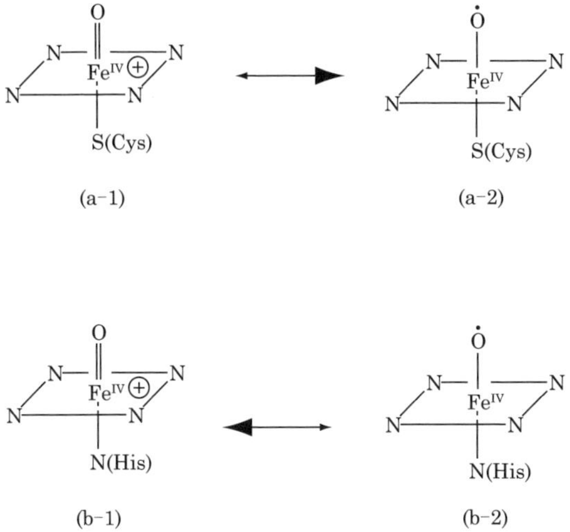

6.3 モノオキシゲナーゼ **167**

(a-1) ⟷ (a-2)

(b-1) ⟷ (b-2)

図 6.8 シトクロム P450 とペルオキシダーゼのコンパウンド I 型中間体の共鳴構造の違いによる反応形式の制御.
CYP のコンパウンド I 型中間体では O 原子にラジカルが存在する極限構造（a-2）の寄与が大きく，ペルオキシダーゼのコンパウンド I 型中間体ではポルフィリン環にラジカルが存在する極限構造（b-1）の寄与が大きい.
S(Cys) はシステイン残基の S 原子，N(His) はヒスチジン残基の N 原子を示す.

構造との間での共鳴にあると考えられる．CYP ではヘム鉄の 5 番目の配位座にシステイン（Cys）残基のチオラートが配位している．チオラートは負電荷をもち，また S 原子は分極しやすい．このため，コンパウンド I 型の構造をとったときには，S 原子から Fe^{IV} に電子が流れ込む傾向が強い．金属イオンに配位するオキソ基は，中心イオンの電荷が大きいときに生じるものであるため，Fe^{IV} への電子の流入はオキソ基の形成を阻害する方向に作用する．したがって，共鳴構造のなかで O 原子にラジカルが移った構造（図 6.8(a-2)）の寄与が大きくなり CYP は基質分子から H 原子の引抜きを行うものと考えられる.

　一方，ペルオキシダーゼではヘム鉄の 5 番目の配位座を His 残基の N 原子が占めている．この原子には電荷はなく，しかも分極に乏しい．したがって，コンパウンド I 型の構造では，CYP と同様の共鳴構造をとってはいるが，ポルフィリンにラジカルが存在する構造（図(b-1)）の寄与が大きいと考えられる．この

ために基質分子からは H 原子よりも電子を引き抜くように作用するのであろう.

6.4　ジオキシゲナーゼ

　カテコールジオキシゲナーゼは O_2 によるカテコールの酸化反応を触媒する.
反応ではカテコールの C—C 結合が切断され, O_2 の O 原子が 2 個とも反応物に
取り込まれる. 切断が生じる C—C 結合の位置に応じて, イントラジオール型酵
素（図 6.9(a)）とエクストラジオール型酵素（図(b)）に分かれる. 酵素の活性
中心には非ヘム鉄が含まれており, イントラジオール型酵素では Fe^{III} の, また
エクストラジオール型酵素では Fe^{II} の酸化状態をとっている. この酸化状態が
カテコールの C—C 結合の切断部位を決定する要因となっている理由は正確には
わかっていない. しかし, いずれの反応においても不活性な三重項状態にある
O_2 を活性化していくことが必要である.

6.4.1　イントラジオール型オキシゲナーゼ

　放線菌 *Brevibacterium* 属から単離・精製されたイントラジオール型（intradiol
type）オキシゲナーゼとカテコールとの複合体の構造を図 6.10 に示した. 構造

(a)

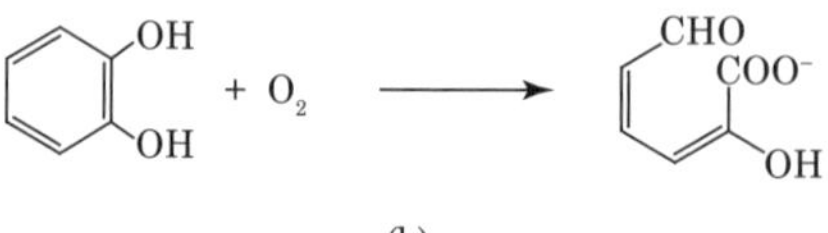

(b)

図 6.9　カテコールジオキシゲナー
ゼの反応.
イントラジオールジオキシゲ
ナーゼ (a) とエクストラジ
オールジオキシゲナーゼ(b).

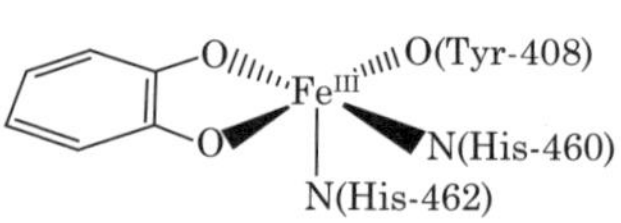

図 6.10　イントラジオールジオキシゲナーゼ
の酵素基質複合体の構造.
O(Tyr) はチロシン残基の O 原子, N
(His) はヒスチジン残基の N 原子を
示す.

6.4 ジオキシゲナーゼ 169

は，活性中心の近くに限っている．カテコールは OH 基の O 原子で Fe^{III} と結合を形成する．Fe^{III} は電子求引性が強いため配位した OH 基の酸性度を上昇させ，H^+ を解離させる．Fe^{III} にはこの 2 個の O 原子に加えて Tyr-408 の O 原子と His-460 の N 原子が正方形型に結合する．His-462 の N 原子は軸方向に配位し，全体では四角錐型の構造となる．このあとの反応は以下のように進むと考えられる．

① O_2 は Fe^{III} とほとんど親和性がないために中心金属と結合を形成することができない．しかし，Fe^{III} にカテコラトアニオンが結合し（図 6.11 (a)），Fe^{II} に還元されると O_2 との結合が可能になる（図(b)～(c)）．このときカテコラトアニオンは一電子酸化されたセミキノナト（semi-quinonato）アニオンに変化する（Box 6.1）．

② Fe^{II} は O_2 と結合し，一電子酸化を受けて Fe^{III} となる．一方の O_2 は一電子還元された超酸化物イオン（O_2^-）となる（図(c)）．O_2 は三重項のスピン状態をとっているので有機化合物との反応性が悪い(5.1.4 項参照)．しかし，O_2^- はラジカル電子を 1 個含む二重項状態であり，またセミキノ

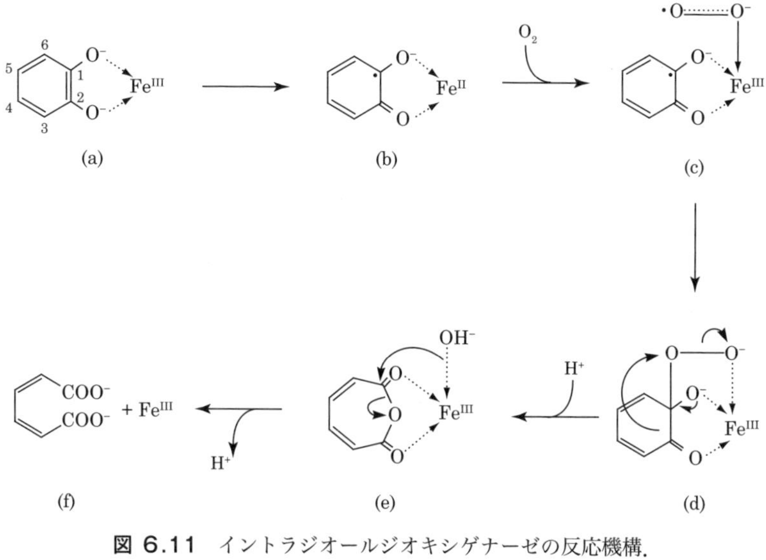

図 6.11 イントラジオールジオキシゲナーゼの反応機構.
O 原子と Fe との配位結合は点線の矢印で示す.

170 6 酸化還元酵素

Box 6.1

カテコールの一電子酸化

　カテコール（図 B6.1-1(a)）から H^+ と電子 1 個を取り除くと，セミキノ
ンラジカルとなる．このときの不対電子の位置を調べてみよう．

　1 位の O 原子から H^+ と電子 1 個を取り除くと，O 原子上に不対電子が存
在する構造が得られる（図(b-1)）．この不対電子と C(1)－C(6) 間にある
共有電子対から電子 1 個が C－O 間に移動すると 1 位の C 原子はカルボ
ニル炭素になり，C(1) と C(6) 間にあったもう一方の電子が C(6) 原子上に
移動して，この C(6) 原子に不対電子を生じる（図(b-2)）．この C 原子に
対してルイス構造を描くと，オクテットは形成されていないが C 原子の形
式電荷はゼロのままであることが理解できる（図 B6.1-2）．C(6) 原子上の
不対電子が C(5)－C(6) 間に移動し，C(4)－C(5) 間の電子が 1 個，
C(5)－C(6) 間に移動すると C(4) 原子上に不対電子が生じる（図 B6.1-1
(b-3)）．同様に，C(2) 原子に不対電子が存在した構造も得られる（図
(b-4)）．セミキノンラジカルは共鳴構造をとっており，これらの構造はそ
の極限構造式とみることができる．したがって，O(1)，C(2)，C(4)，C(6)
の原子には不対電子がある割合で分布しており，これらの原子が O_2 やほか
のラジカルからの攻撃の標的となる．

ナトアニオンも同様の二重項状態であるので，ラジカル電子同士から結合
を形成することができる．その結果，$O_2{}^-$ の Fe と結合していないほうの
O 原子はセミキノナトアニオンのラジカル部位（1 位）に結合し，過酸化
物と Fe を含む五員環構造がつくられる（図 6.11(d)）．

③ 過酸化物の O 原子は電子不足性が強いので，この O 原子への 1,2-転位
　反応が生じやすい（p.172 の Box 6.2）．その結果，七員環のラクトン
　(lactone) が生じる（図(e)）．このとき，Fe に結合していた過酸化物の
　O 原子は O－O 結合がヘテロリシスで切断され，H^+ を受容して OH^- と
　して Fe に配位する．

④ Fe^{III} に結合していた OH^- が片方のラクトンのカルボルニル基の C 原子

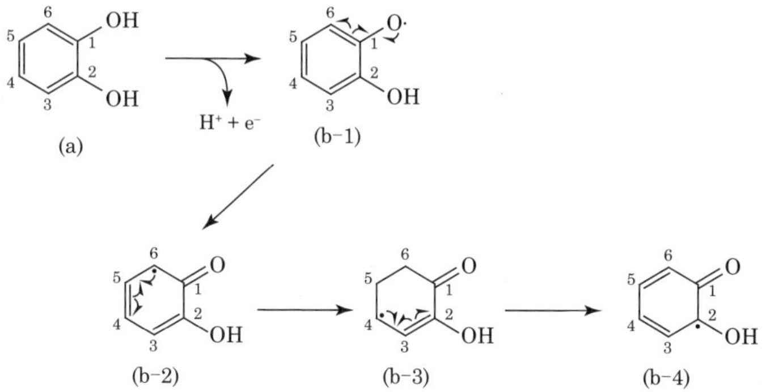

6.4 ジオキシゲナーゼ 171

図 B6.1-1 カテコールの一電子酸化によるラジカルの形成.
異なる位置に不対電子が存在する構造（(b-1)〜(b-4)）が共
鳴している.

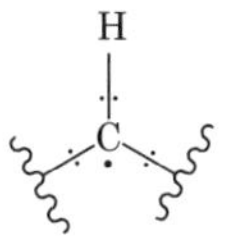

図 B6.1-2 カテコールの C(6) 原子上の不対電子
（図 B6.1-1(b-2)）.

（カルボニル炭素）を攻撃し，ジカルボン酸が生成する（図 6.11(e)〜
(f)）.

6.4.2 エクストラジオール型オキシゲナーゼ

エクストラジオール型（extradiol type）オキシゲナーゼではいくつかの反応
機構が提案されている. そのなかの一つについて述べよう. 基質と酵素との複合
体の構造は，Fe^{II} に対して基質の片方の OH 基の O 原子と His-155 と His-214
の N 原子が平面状に結合している. この平面と垂直の方向からは Glu-267 由来
の O 原子が Fe に配位している（図 6.12）. Fe が二価であるため O_2 の結合が可
能であり，これは Glu の O 原子と反対側の配位座から結合する. 反応の各段階

172   6 酸化還元酵素

Box 6.2

クリーゲー転位

　2-メチルシクロヘキサノン（図 B6.2-1(a)）と過安息香酸（図(b)）との反応では過酸化物をもつクリーゲー中間体（図(c)）が生じる．O原子は一般の化合物中では酸化数−2をとるのに対して，過酸化物のO原子はそれぞれ−1と1大きい値を示す．つまり，電子を受容する傾向（電子不足性）が強いといえる．このためこの中間体では C(1)−C(2) 間の共有電子対がC(2)−O 間の共有電子対に転位する．その結果，七員環のラクトン（図(d)）が形成される．この反応をクリーゲー（Criegee）転位という．

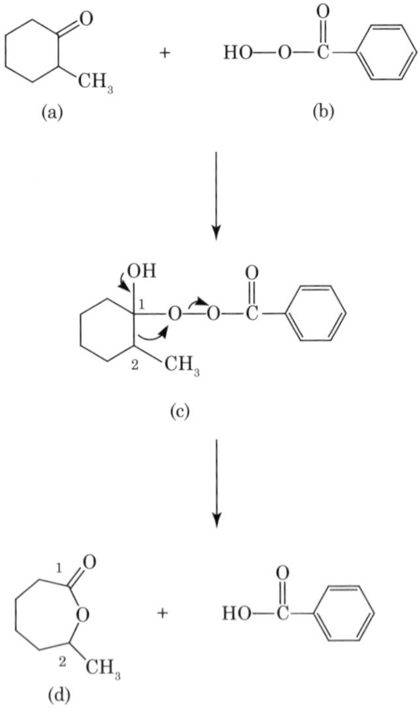

図 B6.2-1　クリーゲー転位反応.

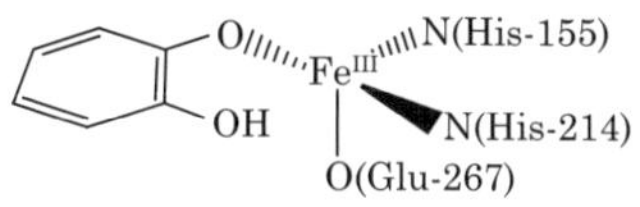

6.4 ジオキシゲナーゼ **173**

図 6.12 エクストラジオールジオキシゲナーゼの酵素基質複合体の構造．N（His）はヒスチジン残基の N 原子，O（Glu）はグルタミン酸残基の O 原子を示す．

は以下のように考えられている．

① O_2 は酵素の Fe^{II} に結合し，Fe^{II} から一電子還元を受けて超酸化物イオン（$O_2{}^-$）となる（図 6.13(a)〜(b)）．

② 生じた Fe^{III} は基質から一電子還元を受け，Fe^{II} になる．基質は 1 位の O 原子上に不対電子を生じ（図(c)），この電子と $C(1)-C(6)$ 間の共有電子の一つが $C(1)-O$ 間に移動しカルボニルが形成される．$C(1)-C(6)$ 間のもう一方の電子は $C(6)$ 原子上の不対電子となる（図(d)）．

③ $O_2{}^-$ の不対電子と $C(6)$ 原子上の不対電子から結合が形成され，Fe^{II} を

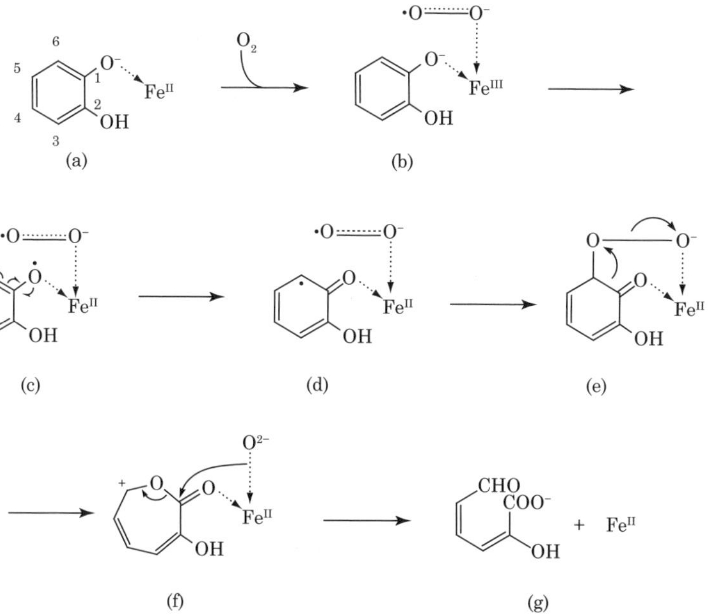

図 6.13 エクストラジオールジオキシゲナーゼの反応機構．O 原子と Fe との配位結合は点線の矢印で示す．

含む六員環構造ができる（図6.13(e)）.

④ 過酸化物のO—O結合がヘテロリシスで切断される. つまり, C(6)—C(1) 間の電子対がO(6)—C(1) 間の共有電子対へと転位する. この結果, 七員環のラクトンが生じ, C(6) 原子は, C(1) 原子との間の電子対が転位したため電子が欠損する（図(f)）. つまり, C(6) 原子には, もともと結合していたH原子との間の電子対のほかに, 七員環での両隣に位置するO原子とC(5) 原子との間の電子対が2対あるだけである. このため, C(6) 原子の周りの電子数は6個となるので正の形式電荷が存在する.

⑤ Feに結合していたO^{2-}がカルボニル炭素を攻撃しカルボキシ基が形成される. C(1)—O間の電子対がC(6)—O間の電子対へと移動することでC(6)原子の電子欠損が解消され, アルデヒド基がつくられる（図6.13(g)）.

6.5 スーパーオキシドディスムターゼ

好気的環境で生命活動を営んでいる生物は酸化ストレスに侵される危険性がつねに存在する. たとえば, ヘモグロビンに結合したO_2はCl^-と置換すると超酸化物イオン（O_2^-）を生じる. また, Fe^{II}やCu^Iの金属イオンが存在すると, これらのイオンはO_2を一電子還元してO_2^-をつくることができる. このようなO_2が部分的に還元されて生じた化学種は活性酸素種といわれ, 酸化力がきわめて高い. このため, 生体物質を容易に酸化するようになり, 種々の疾病の原因ともなっている.

スーパーオキシドディスムターゼ（superoxide dismutase, SOD）は, 反応(6.8)で示したO_2^-の不均化反応を触媒する酵素である.

$$2\,O_2^- + 2\,H^+ \longrightarrow H_2O_2 + O_2 \tag{6.8}$$

一方のO_2^-より生じた電子を他方のO_2^-に受け渡すことで, H_2O_2とO_2を生成する. 酵素は酸化型E_{ox}と還元型E_{red}の二つの形態をとり, 反応(6.9)を触媒する.

$$O_2^- + E_{ox} \longrightarrow O_2 + E_{red}$$
$$O_2^- + 2\,H^+ + E_{red} \longrightarrow H_2O_2 + E_{ox} \tag{6.9}$$

半反応(6.10) と半反応(6.11) の式量電位を考慮すると，

$$O_2 + e^- \longrightarrow O_2^- \qquad E^{o\prime} = -0.33\,\text{V} \qquad (6.10)$$

$$O_2^- + e^- + 2\,H^+ \longrightarrow H_2O_2 \qquad E^{o\prime} = 0.89\,\text{V} \qquad (6.11)$$

酵素は半反応(6.12) の一電子の酸化還元を行い，

$$E_{ox} + e^- \longrightarrow E_{red} \qquad (6.12)$$

その式量電位は$-0.33\sim0.89\,\text{V}$ の間にある必要がある．

　生物内で発生したO_2^- は SOD によりH_2O_2 とO_2 に変換され，またH_2O_2 はカタラーゼでH_2O とO_2 に分解される．この機構により生物の酸化ストレスは軽減される．絶対嫌気性生物にはこの酸化ストレスに対する防御機能がないため，好気的な環境では生育できない．

　SOD には二つの型がある．原核生物には Fe を含む SOD あるいは Mn を含むSOD（Fe-SOD あるいは Mn-SOD）があり，真核生物の細胞質には Cu と Znの両方を含む SOD が存在している．また，真核生物の細胞内小器官のミトコンドリアや葉緑体の SOD は，原核生物と同じ型の SOD である．この SOD の分布の特異性は，これらの小器官が原核生物から派生したことの根拠の一つになっている．

6.5.1　Fe-SOD, Mn-SOD

　X 線構造解析の結果から Mn-SOD と Fe-SOD の活性部位の構造は非常に似ていることが示されている．活性部位は，Mn あるいは Fe の金属イオンにヒスチジン（His）残基の N 原子が 3 個とアスパラギン酸（Asp）残基の O 原子 1個が配位した構造となっている（図 6.14）．金属イオンにはさらにH_2O が配位しており，その H 原子は Asp の O 原子との間で水素結合を形成している．この

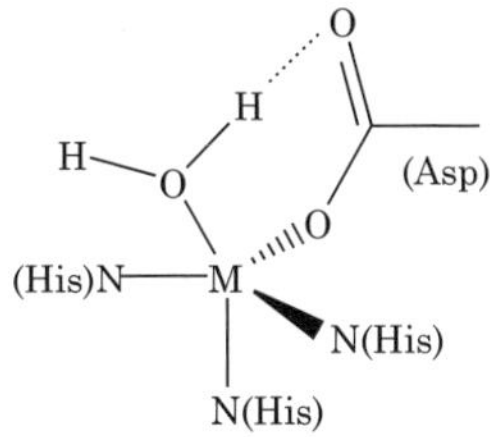

図 6.14　Fe-SOD（あるいは Mn-SOD）の活性中心の構造.
M は Fe あるいは Mn，N(His) はヒスチジン残基の N 原子を示す．水素結合を点線で示す.

酵素が触媒する反応は，以下の過程で進行すると考えられている．

① 酵素の休止状態では金属は三価のイオンであるため，配位した H_2O の酸性度が高い．そのため H^+ が解離し，OH^- となる（図 6.15(a)）．
② O_2^- は金属に配位し，電子 1 個を M^{III} に供与し，O_2 となる（図(b)）．金属イオンは二価に還元され，配位した H_2O の酸性度が低下するため，H^+ が結合する（図(b)～(c)）．

Box 6.3

外圏型電子移動

金属イオン間の電子の移動は，必ずしも直接的な過程ばかりではない．H 原子が移動することでも電子を移動させることができる．

図 B6.3-1 に Fe^{II} から Fe^{III} への電子の移動を示した．それぞれのアクア錯体で，Fe^{II} に配位している H_2O の H 原子が，Fe^{III} に配位している OH^- へと移動する場合を考えよう．移動する H—O 間の電子対のうち電子 1 個は新たな結合に使用され，もう 1 個は Fe^{II} からの 1 電子とともに O 原子に移動して OH^- が形成される．一方，Fe^{III} に配位していた OH^- の O 原子上の非共有電子対のうち電子 1 個は H 原子との新たな結合形成に使用され，もう 1 個は Fe^{III} の還元に用いられる．この過程を全体的にみると，Fe^{II} から Fe^{III} へ電子が移動していることが理解できる．このような電子の移動を外圏型電子移動という．

図 B6.3-1　外圏型電子移動．
配位結合は点線の矢印で示す．

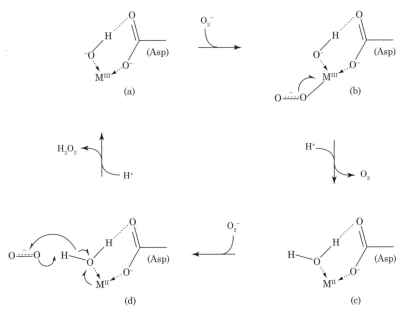

図 6.15 Fe-SOD (あるいは Mn-SOD) の反応機構.
M は Fe あるいは Mn, Asp はアスパラギン酸を示す. O 原子と Fe (あるいは Mn) との配位結合は点線の矢印, 水素結合は点線で示す.

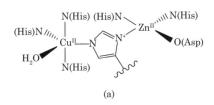

図 6.16 Cu, Zn-SOD の活性中心の構造.
酸化型 (a) と還元型 (b). N(His) はヒスチジン残基の N 原子, O(Asp) はアスパラギン酸残基の O 原子を示す.

178　　6　酸化還元酵素

③　二つ目の O_2^- は H_2O の H 原子と水素結合を形成する．水素結合を形成
している H_2O の H 原子が H 原子（$H^+ + e^-$）として O_2^- と結合する．
つまり，O_2^- は一電子還元を受けて過酸化物イオン（O_2^{2-}）になり，これ
に H^+ が結合してヒドロペルオキシドイオン（HOO^-）を形成する．また，
H_2O の O 原子には M^{II} から電子 1 個が移動してきて O 原子にオクテット
が完成される（図 6.15(d)）．ここでは，O_2^- は金属とは直接的には結合
せずに，M^{II} から還元を受けるもので，この反応機構は外圏型電子移動
（p.175 の Box 6.3）といわれる．

④　H^+ が加わり，H_2O_2 を放出して休止状態に戻る（図(d)〜(a)）．

6.5.2　Cu, Zn–SOD

Cu, Zn-SOD は，活性部位に Cu と Zn の二つの金属イオンをもつ．酸化型
では Cu^{II}，還元型では Cu^I となり，両者の配位構造は異なる．すなわち，酸化
型では Cu^{II} に四つの His 残基の N 原子と H_2O の O 原子が配位し，Zn^{II} には三
つの His 残基の N 原子と Asp の O 原子が配位している（図 6.16(a)）．このな
かの His 残基の一つには両方の金属が配位し，架橋構造をとっている．還元型
では His 残基による架橋構造は壊れて Cu^{II} に配位していた N 原子に H^+ が結合
する．その結果，Cu^I には三つの His 残基の N 原子が配位する（図(b)）．反応
は図 6.17(a)〜(e) に示すようになると考えられている．

①　休止状態は Cu^{II} であり，これに O_2^- が配位する（図(a)〜(b)）．

②　O_2^- からの電子 1 個が Cu^{II} を還元し，O_2 が放出される．同時に，His
残基の N 原子に結合していた Cu^{II} が解離し，代わりに H^+ が結合を形成
する（図(b)〜(c)）．

③　二つ目の O_2^- が酵素に結合する．このとき，O_2^- はアルギニン（Arg）
残基の正電荷と相互作用をしている（図(d)）．O_2^- は His 残基の N 原子に
結合している H 原子と水素結合を形成し，この H 原子（H^+ と e^-）が O_2^-
に結合する．その結果，外圏型電子移動で HOO^- が形成される（図(d)）．

④　Cu^{II} には HOO^- と His 残基の N 原子が配位している（図(e)）．ここに，
H^+ を取り込み H_2O_2 を放出することで酵素は休止状態に戻る（図(e)〜
(a)）．

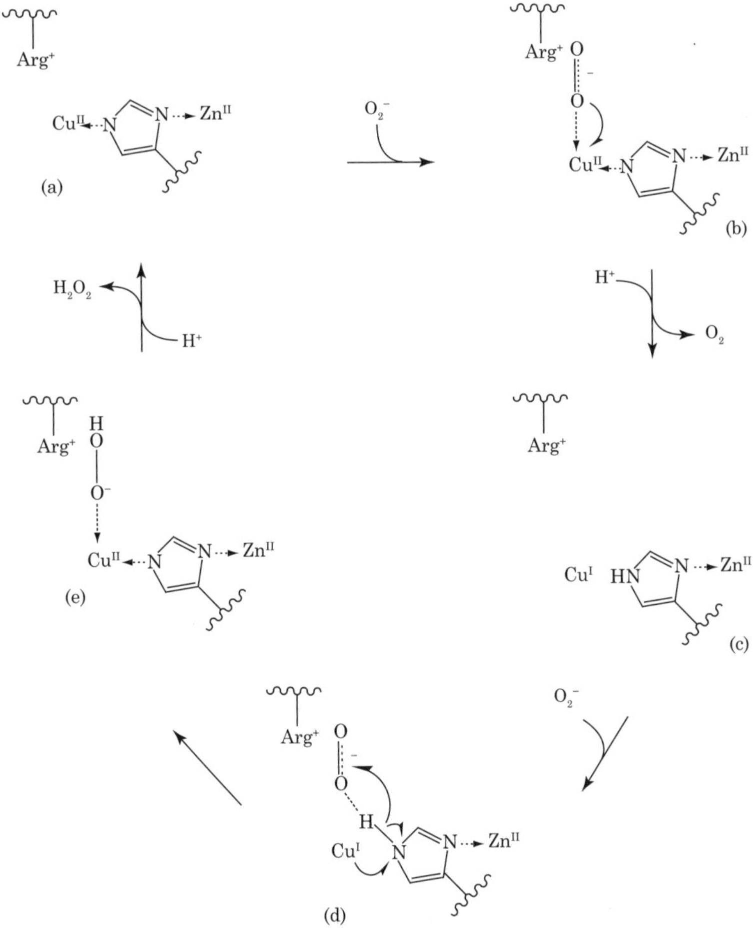

6.6 モリブデンを含む酸化還元酵素 **179**

図 6.17 Cu, Zn-SOD の反応機構.
　　　Arg はアルギニン残基を示す．配位結合は点線の矢印，水素結合は
　　　点線で示す．

6.6　モリブデンを含む酸化還元酵素

　Mo を含む酸化還元酵素は O 原子の転移反応を触媒する．反応は一般に次のように示すことができる．

180   6 酸化還元酵素

$$X + H_2O \longrightarrow XO + 2H^+ + 2e^- \qquad (6.13)$$

すなわち，酸化酵素では H_2O に由来する O 原子が基質分子に付加される．また，還元酵素（レダクターゼ，reductase）は逆の反応を触媒し，基質分子の O 原子が H_2O のなかに取り込まれる．いくつかの代表的な反応を図 6.18 に示した．図(a) はキサンチンオキシダーゼの場合で，キサンチンを尿酸に酸化する．このとき電子 2 個が放出される．図(b) は亜硫酸オキシダーゼの触媒反応で，亜硫酸イオンを硫酸イオンに酸化し，同時に電子 2 個が放出される．図(c) はジメチルスルホキシド（dimethyl sulfoxide，DMSO）レダクターゼによる反応で，DMSO が二電子還元され，硫化ジメチルになる．

このように，基質の酸化反応では電子を放出し，還元反応では外部から電子を吸収する．つまり，反応での酸化剤あるいは還元剤は，酵素の外部に存在してい

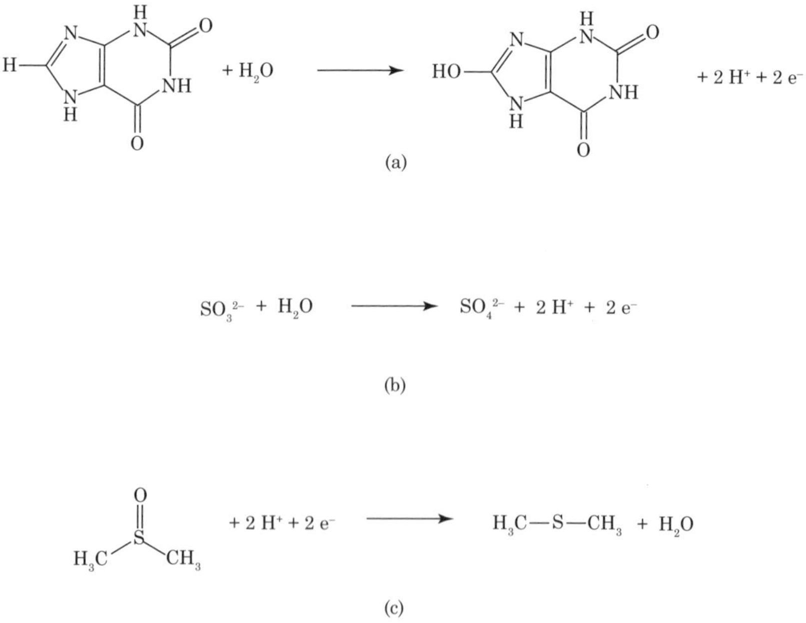

(a)

$$SO_3^{2-} + H_2O \longrightarrow SO_4^{2-} + 2H^+ + 2e^-$$

(b)

(c)

図 6.18 Mo を含む酸化還元酵素の代表的反応．
キサンチンオキシダーゼによるキサンチンの尿酸への酸化 (a)，亜硫酸オキシダーゼによる亜硫酸イオンの硫酸イオンへの酸化 (b) および DMSO レダクターゼによる DMSO の硫化ジメチルへの還元 (c)．

　　　　　　　　　　　　　　　　　6.6　モリブデンを含む酸化還元酵素　　**181**

る．これらの酸化還元物質と電子をやり取りする必要があるため，一般には，酵
素には電子伝達を行う補欠分子族が備わっている．このような分子の例として，
シトクロム b（cyt b），鉄-硫黄クラスター，FAD などがある．酵素反応では，
Mo は四価，五価，六価の酸化状態を経ることで触媒機能を発揮している．

6.6.1　亜硫酸オキシダーゼ

　Mo を含む酸化酵素の例として亜硫酸オキシダーゼ（sulfite oxidase）を取り
上げよう．亜硫酸オキシダーゼは，動物，植物，微生物に存在し，亜硫酸イオン
の硫酸イオンへの酸化を触媒する．この反応は含硫アミノ酸（システインやメチ
オニン）の分解の最終過程となる．動物における亜硫酸オキシダーゼの欠損は重
篤な精神的あるいは肉体的な障害を引き起こすため，この酵素は生理学的にも重
要な機能を担っていると考えられる．

　ニワトリの肝臓から精製された亜硫酸オキシダーゼは分子量 106 000 の二量体
であり，それぞれの単量体には Mo とシトクロム b 型のヘムが一つずつ含まれ
る．Mo を含む酸化還元酵素には，通常モリブドプテリンとよばれるプテリン様
の補因子が Mo に 1 個あるいは 2 個結合している．亜硫酸オキシダーゼは，図

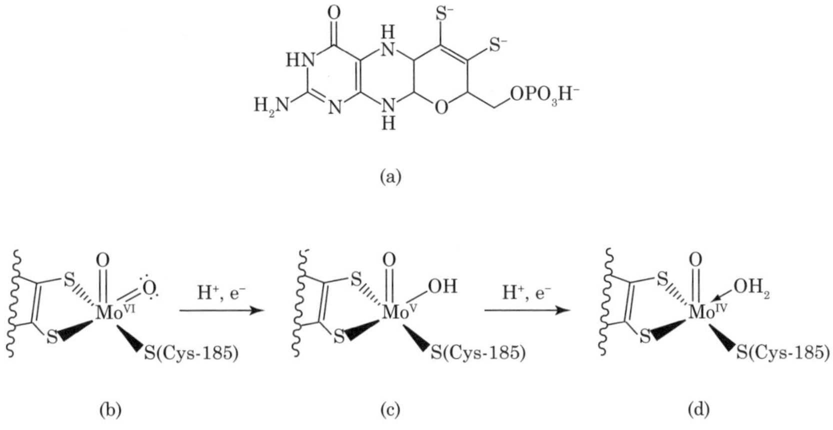

図 6.19　亜硫酸オキシダーゼの活性中心の構造．
　　　　　亜硫酸オキシダーゼに含まれるモリブドプテリン（a）と Mo^{VI} の還元にとも
　　　　　なうオキソ基の H_2O への変換（(b)～(c)）．S(Cys) はシステイン残基の S
　　　　　原子を示す．

6.19(a) に示すモリブドプテリンがチオラートのS原子を介してMoと結合している。活性中心は，Moが六価の酸化状態ではモリブドプテリン由来のS原子，Cys-185のS原子，ならびにオキソ基が正方形型に配位し，さらにこの平面に垂直な方向からオキソ基が1個結合した四角錐型の構造をとっている（図(b)）．一方，Moが還元されて五価，四価の酸化状態になると，Moの電子求引性が徐々に弱まる．この結果，Mo^{VI}では平面上にあるオキソ基がMo^VではOH基となり（図(c)），またMo^{IV}ではH_2Oとなる（図(d)）．これは中心金属の電子求引性が弱まったため，配位したH_2Oの塩基性が強まったものととらえられる（2.3.6項参照）．

6.6.2 亜硫酸オキシダーゼの反応機構

亜硫酸オキシダーゼが触媒する反応を以下に示す．

$$SO_3^{2-} + H_2O + 2\,Cyt\,c(Fe^{III}) \longrightarrow SO_4^{2-} + 2H^+ + 2\,Cyt\,c(Fe^{II}) \qquad (6.14)$$

ここで，$Cyt\,c(Fe^{III})$と$Cyt\,c(Fe^{II})$はそれぞれシトクロムcの酸化型と還元型を表している．つまり，この反応はシトクロムcの酸化力を用いてSO_3^{2-}にH_2OのO原子を添加してSO_4^{2-}に変換する．

基質であるSO_3^{2-}のルイス構造は，1対の非共有電子対の存在を示している．

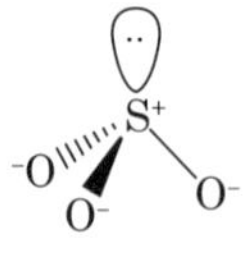

図 6.20 亜硫酸イオンの非共有電子対．

図 6.21 亜硫酸オキシダーゼに含まれるMo^{VI}による亜硫酸の酸化．

6.6 モリブデンを含む酸化還元酵素

また，VSERP 理論からは三角錐型の構造をとり，O 原子がつくる正三角形の平面とは逆の位置にこの非共有電子対が存在していることが理解できる（図 6.20）．以上から，この酵素反応での SO_3^{2-} の酸化は図 6.21 に示すようになる．つまり，Mo^{VI} に結合したオキソ基は，Mo の酸化数が大きいので電子求引性が生じる．SO_3^{2-} は非共有電子対をもっているため，この電子対がオキソ基の O 原子を攻撃する．その結果，Mo—O 間の電子対が Mo へ移動し Mo は Mo^{IV} に還元される．同時に，SO_3^{2-} は SO_4^{2-} に酸化される．全体の酵素反応は以下のように進行する（図 6.22）．

① 酵素の休止状態は，Mo は六価，シトクロム b の Fe は三価の酸化状態をとっている（図(a)）．酵素の Mo^{VI} に結合したオキソ基を SO_3^{2-} の S 原

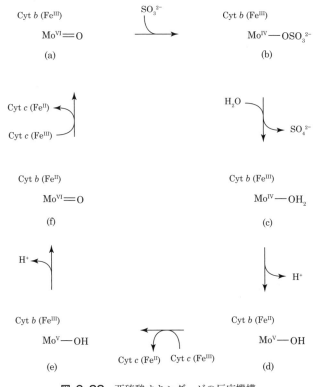

図 6.22 亜硫酸オキシダーゼの反応機構．

子上にある非共有電子対が攻撃し，SO_3^{2-} は SO_4^{2-} に酸化される（図 6.22(b)）.

② SO_4^{2-} が H_2O と置換し，Mo^{IV} に H_2O が配位する（図(c)）.

③ 亜硫酸オキシダーゼに含まれるシトクロム b により Mo^{IV} が酸化され Mo^{V} となる．Mo の酸化数が上がったため配位水の酸性度が上昇し H^+ が解離する（図(d)）.

④ シトクロム c でシトクロム b が酸化され（図(e)），さらにシトクロム b が Mo^{V} を Mo^{VI} に酸化する．これにより Mo^{VI} に結合した OH 基の酸性度が上昇し，H^+ を解離してオキソ基を形成する（図(f)）.

⑤ シトクロム c がシトクロム b を酸化し休止状態に戻る（図(a)）.

7

官能基の転位と転移

　悪性貧血は赤血球の正常な発達が妨げられることで生じる疾患である．貧血状態のイヌにウシの肝臓を与えることで，症状が改善することから肝中の抗悪性貧血因子の存在が示唆された．実際に肝から結晶状の活性物質が単離され，ビタミン B_{12} と名づけられている．その後，X 線結晶解析により立体構造も明らかになっている．ビタミン B_{12} という用語は多少曖昧さがあり，狭義ではシアノコバラミンに対して用いられ，広義ではビタミン B_{12} 類，すなわちコバラミン全体をさしている．

　この物質は，官能基の転位（分子内）と転移（分子間）の補酵素として機能している．官能基の転位とは，分子内における原子や原子団が結合位置を変化させるもので，ムターゼと総称される酵素により触媒される．多種類の酵素がこのような転位反応を行うことが知られているが，隣り合った炭素原子に結合した原子や原子団の分子内転位はビタミン B_{12} を補酵素とするものが多い．分子間の官能基の転移では，この補酵素は分子間のメチル基の転移を行う酵素トランスフェラーゼにおいても補酵素となっている．いくつかの生体物質はこのような官能基の転位や転移を経て合成されるため，この反応は生命活動に必須である．本章ではこの補酵素がかかわっている反応機構について解説する．

7.1　コバラミン

　ビタミン B_{12} は Co を含み Co と有機炭素とが直接結合した，天然で最初に見出された有機金属化合物である．ビタミン B_{12} はバクテリアにより合成され，動

物はこれらの微生物が合成した物質を利用している.

　最初にシアノコバラミンの構造から説明しよう（図7.1）. この分子では Co は六配位の配位構造をとっている. コリン環の N 原子が平面状に配位し, この平面の下方からはコリン環から共有結合で伸びたジメチルベンズイミダゾール基の N 原子が結合している. つまり, コリンとそれに結合したベンズイミダゾールの五つの N 原子が五座配位子となっている. 6番目の配位子, すなわち上方配位子は CN^- となる. シアノコバラミンは生物内には含まれておらず, CN^- が精製の過程で本来存在していた配位子と置換して生じたものである. 投与すると生物内でほかの配位子におき換わり生理機能を発揮する. 生物内に実際に存在しているのは, アデノシルコバラミンとメチルコバラミンである. アデノシルコバラミンでは, 5′位 OH 基が還元された 5′-デオキシアデノシンの 5′位 C 原子が上方配位子として Co に配位している. 上方配位子がメチル基のときはメチルコバラ

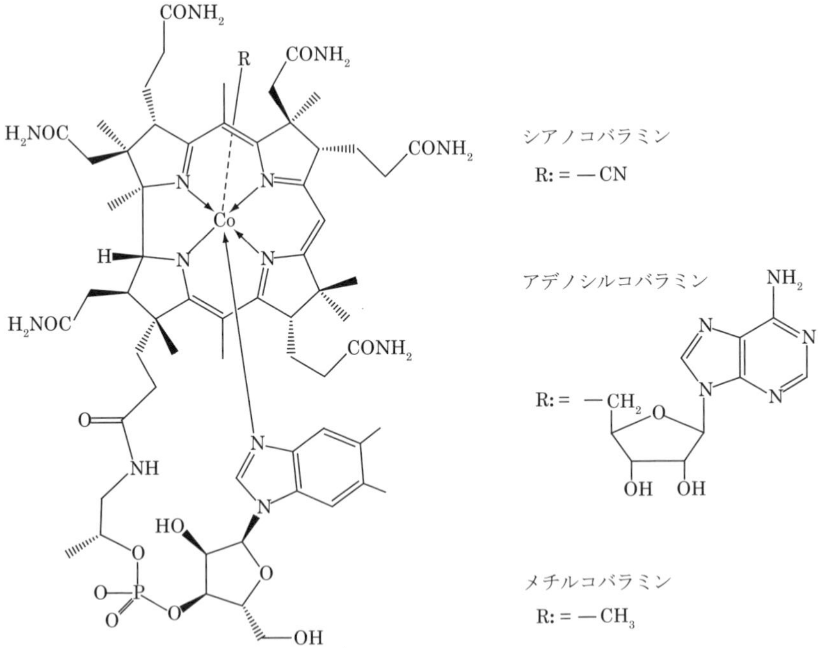

シアノコバラミン
R: = —CN

アデノシルコバラミン
R: = —CH₂

メチルコバラミン
R: = —CH₃

図 7.1　ビタミン B₁₂ 補酵素の構造.
　シアノコバラミン（R がシアノ基）, アデノシルコバラミン（R が 5′-デオキシアデノシン）, メチルコバラミン（R がメチル基）を示す.

表 7.1 コバラミンにおける Co の酸化状態と電子配置

イオン	電子配置
Co^I	$3d_{xy}^2\,3d_{yz}^2\,3d_{zx}^2\,3d_{z^2}^2$
Co^{II}	$3d_{xy}^2\,3d_{yz}^2\,3d_{zx}^2\,3d_{z^2}^1$
Co^{III}	$3d_{xy}^2\,3d_{yz}^2\,3d_{zx}^2$

ミンとなる.なお,ビタミン B$_{12}$ 依存性の酵素のなかには,コバラミンの下方配位子がタンパク質の His 残基に置換されたものも存在する.

コバラミンでは,Co は一価から三価の酸化状態をとることができる.電子配置は表 7.1 に示すように,Co^{III} では 6 個の d 電子がすべて t$_{2g}$ 軌道に占有されており,低スピン型の電子配置となっている.Co^{II} と Co^I は,Co^{III} に電子が 1 個ずつ加わることで生じる.電子は z 軸方向を向いた d$_{z^2}$ 軌道に収容されるので,還元にしたがいコバラミンの z 軸方向の電子密度が上昇していく(図 7.2).このため,Co^I や Co^{II} のコバラミンでは,z 軸方向の配位子は負電荷による反発を受け結合力が弱まる.最終的には,Co^I のコバラミンでは z 軸方向の配位子が解離する.この分子では z 軸方向に電子密度が高い領域があるため,求核試薬として機能する(図 7.2).なお,生物内でシアノコバラミンから CN$^-$ が解離するのは,このような還元作用によっている.

コバラミンの Co^{III}—C 間の結合は,Co が 3 通りの酸化数をとり得ることに対応して図 7.3 に示した 3 通りの開裂を行う.ヘテロリシスの場合,Co^{III}—C 間の結合電子対がすべて C 原子側に移動すると Co^{III} とカルボアニオンが生じ(図 (a)),結合電子対がすべて Co^{III} 側に移動すると Co^I とカルボカチオンが生成する(図 (c)).一方,ホモリシスでは結合電子対が Co^{III} と C 原子側に一つずつ移動するので Co^{II} と炭素中心ラジカルが生じる(図 (b)).カルボカチオンあるいはカルボアニオンは溶液中でイオンとして存在するのではなく,それぞれの形で

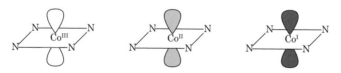

図 7.2 Co の酸化状態によるコバラミン Co 近くの電子密度の変化.
還元されるにしたがいコリン環から垂直方向の領域の電子密度が上昇する.
色が濃いほど電子密度が高いことを示す.

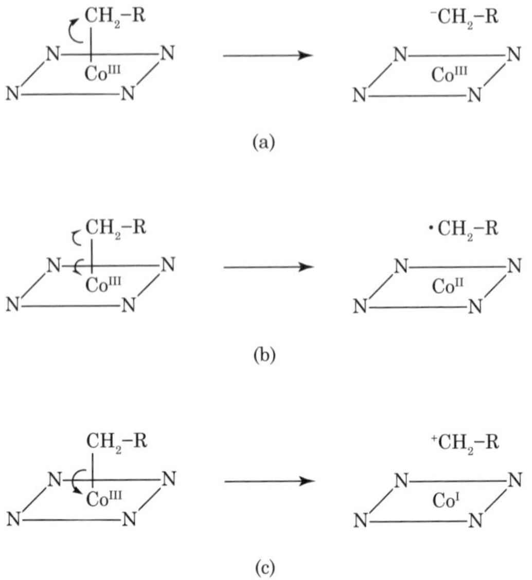

188　7　官能基の転位と転移

(a)

(b)

(c)

図 7.3　アルキルコバラミンの開裂様式.
ヘテロリシスによる Co^{III} とカルボアニオンの生成 (a), ホモリシスに
よる Co^{II} と炭素中心ラジカルの生成 (b) およびヘテロリシスによる
Co^{I} とカルボカチオンの生成 (c).

ほかの分子に移動する. コバラミンの Co^{III}—C 間の結合エネルギーは比較的小
さく, またここに示した, 配位子の多様な解離と受容反応が可能なことが官能基
の移動を容易にしている.

7.2　転　位　反　応

　コバラミン依存性の転位酵素が触媒する代表的な反応を図7.4に示した. 図
(a) はグルタミン酸ムターゼ (glutamate mutase) による反応で, グルタミン
酸がメチルアスパラギン酸に異性化する. 反応ではグルタミン酸のα炭素がそ
れに結合している H 原子, カルボキシ基およびアミノ基をともなったままγ位
の H 原子と交換する (図中点線で囲った部位同士が交換する). 図(b) はグリセ
ロールデヒドラターゼによる反応で, この反応もコバラミン依存性の酵素で触媒
される. 反応は基質の脱水反応で 3-ヒドロキシプロピオンアルデヒドが生成す

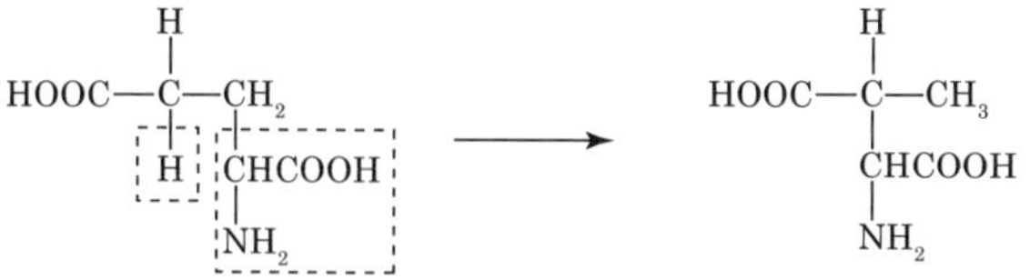

(a)

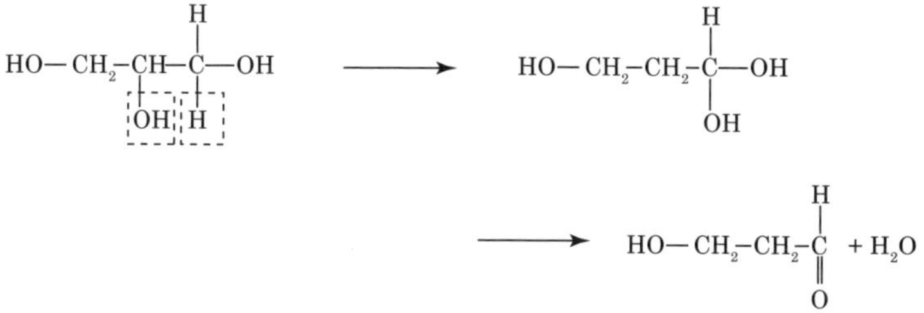

(b)

図 7.4 ビタミン B_{12} 依存性酵素の代表的な反応.
グルタミン酸ムターゼによるグルタミン酸のメチルアスパラギン酸への変換では点線で囲んだ官能基が転位する (a). また, グリセロールデヒドラターゼによるグリセロールからの 3-ヒドロキシプロピオンアルデヒドの生成は点線部分の官能基が転位したあと, 脱水で生じる (b).

るが, 反応の本質はグリセロールの 1 位 H と 2 位 OH 基の交換である. この反応では同一の C 原子に OH 基が 2 個結合した中間体を生ずるが, この化合物は不安定であり, 脱水してアルデヒドとなる. つまり, コバラミン依存性の転位酵素は, C 原子に結合した H 原子とその C 原子の隣に位置する C 原子に結合した官能基の転位反応 (1, 2-転位) を触媒する.

転位反応は一般に図 7.5 に示すように進行すると考えられている.

① 酵素にはアデノシルコバラミンが補欠分子として含まれている. 最初は Co が三価の酸化数で, 基質分子 (S—H) は Co^{III} に配位したデオキシアデノシン (CH_2Ad で示す) の上方に結合する (図(a)). Co^{III}—C 間の結合がホモリシスにより開裂し, Co^{III} は Co^{II} に還元され, デオキシアデノシンの C 原子上に不対電子を生じる (図(b)).

② 基質から H 原子 (H^+ と e^- 1 個) がデオキシアデノシンの 5′位 C 原子

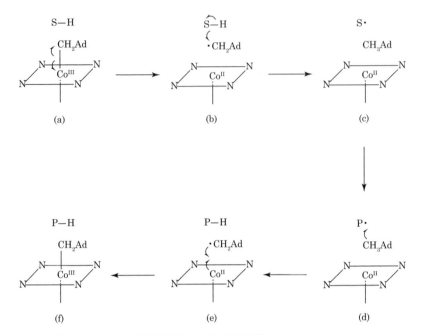

図 7.5 ビタミン B_{12} 依存性酵素における反応機構.
基質分子（S—H）が基質ラジカル（S·），生成物ラジカル（P·）を経て，生成物（P—H）となる.

に転位し，デオキシアデノシンが形成される．同時に，基質は H 原子が引き抜かれた基質ラジカル（S·）となる（図 7.5(c)）.

③ 基質ラジカルの官能基が転位し，生成物ラジカル（P·）となる（図 (d)）.

④ デオキシアデノシンの 5′ 位 H 原子が生成物ラジカルに移動し，生成物ラジカルが生成物に変化する．同時に 5′ 位 C 原子に不対電子が生じる（図 (e)）.

⑤ デオキシアデノシンの 5′ 位 C 原子に存在する不対電子と Co^{II} の d 電子から Co^{III}—C 間の結合が生じ，アデノシルコバラミンが生成する（図 (f)）.

官能基が転位するとき，転位先の C 原子に H 原子が結合していると C 原子は五配位構造をとる必要が生じてくる．これを避けるため，コバラミン依存性の転

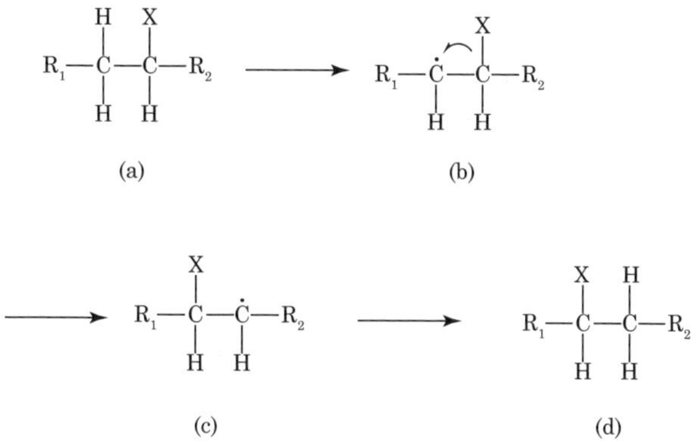

図の化学構造:

(a)
$$R_1-\underset{\underset{H}{|}}{\overset{\overset{H}{|}}{C}}-\underset{\underset{H}{|}}{\overset{\overset{X}{|}}{C}}-R_2$$

(b)
$$R_1-\underset{\underset{H}{|}}{\overset{\cdot}{C}}-\underset{\underset{H}{|}}{\overset{\overset{X}{|}}{C}}-R_2$$

(c)
$$R_1-\underset{\underset{H}{|}}{\overset{\overset{X}{|}}{C}}-\underset{\underset{H}{|}}{\overset{\cdot}{C}}-R_2$$

(d)
$$R_1-\underset{\underset{H}{|}}{\overset{\overset{X}{|}}{C}}-\underset{\underset{H}{|}}{\overset{\overset{H}{|}}{C}}-R_2$$

図 7.6 基質ラジカルの形成を経た 1, 2-転位の反応機構.

位酵素では基質分子からいったん H 原子を引き抜くことで基質ラジカルを形成し，そこでの官能基の転位を行う．基質がラジカルの形成を経て 1, 2-転移を行う機構を図 7.6 に示した．

① 基質（図(a)）から H 原子が抜き取られると，C 原子上に不対電子が生じる（図(b)）．

② 不対電子が存在する C 原子の隣にある C 原子に結合した官能基がラジカルとしてラジカルをもつ C 原子に移動する．このとき，移動した官能基が結合していた C 原子上に不対電子が残る（図(c)）．

③ 不対電子に H 原子が結合し，生成物となる（図(d)）．

7.3 メチル基の転移反応

コバラミンはいくつかのメチル基転移反応にもかかわっている．代表的なメチルトランスフェラーゼとしてメチオニンシンターゼを例に取り上げよう．この酵素はホモシステイン（図7.7(a)）からメチオニン（図(b)）の合成を触媒する．メチルテトラヒドロ葉酸（図(c)）の 5 位 N 原子に結合しているメチル基が転移する．ビタミン B_{12} の欠乏により生じる悪性貧血はこの酵素の機能不全から生じる．反応は図 7.8 に示したとおりに進行すると考えられる．

① 酵素のなかで一価の酸化状態となったコバラミンは z 軸方向の電子密度

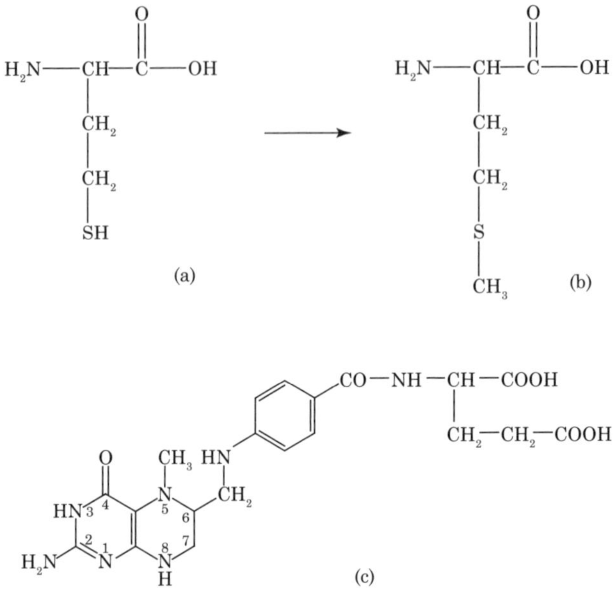

図 7.7 ホモシステイン (a), メチオニン (b), メチルテトラヒドロ葉酸 (c) の構造.

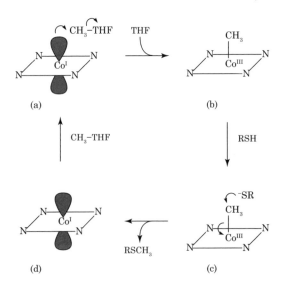

図 7.8 メチルテトラヒドロフランからのメチル基転移の反応機構.
ホモシステイン (RSH) からメチオニン (RSCH$_3$) が生じている.

が高いため求核試薬として CH_3—THF を求核攻撃する（図 7.8(a)）.

② メチル基はメチルカチオンとしてコバラミンと反応し，その結果メチルコバラミンが形成される（図(b)）．このときの Co は三価の酸化状態にある（メチルアニオンが Co に配位していると考える）.

③ ホモシステインのチオール基がメチルコバラミンのメチル基を求核攻撃する（図(c)）．また，メチルコバラミンの Co^{III}—C 間の結合電子対が Co に移動し，コバラミンの Co は一価の酸化状態となる（図(d)）.

参 考 図 書

　本書の執筆には，いくつかの書籍を参考にした．著者，訳者に謝意を表すとともに，読者諸氏の更なる理解のため以下に記す．

1. 物理化学と無機化学

　Peter Atkins, Julio de Paula 著，稲葉 章，中川敦史 訳 "アトキンス生命科学のための物理化学"，東京化学同人（2008）．

　Geoffrey A. Lawrance 著，"Introduction to Coordination Chemistry", John Wiley & Sons（2009）．

2. 有機化学，生物化学

　Paula Y. Bruice 著，大船泰史，香月 勗，西郷和彦，富岡 清 監訳 "ブルース有機化学，第5版"，化学同人（2009）．

　Jeremy M. Berg, John L. Tymoczko, Lubert Stryer 著，入村達郎，岡山博人，清水孝雄 監訳，"ストライヤー生化学，第7版"，東京化学同人（2013）．

3. 生物無機化学

　Ivano Bertini, Harry B. Gray, Edward I. Stiefel, Joan Selverstone Valentine 著，"Biological Inorganic Chemistry: Structure and Reactivity", University Science Book（2006）．

　Eiichiro Ochiai 著，"Bioinorganic Chemistry", Academic Press（2008）．

　Wolfgang Kaim, Brigitte Schwederski 著，"Bioinorganic Chemistry, 1st ed.", John Wiley & Sons（1994）．

　Wolfgang Kaim, Brigitte Schwederski 著，"Bioinorganic Chemistry, 2nd ed.", John Wiley & Sons（2013）．

　増田秀樹，福住俊一 編著，"生物無機化学"，三共出版（2005）．

索　引

和　文

あ　行

Zn-SOD　　*177, 179*
アクア錯体　　*62*
　　金属イオンの――　　*74*
亜硝酸イオンの非共有電子対　　*182*
亜硝酸オキシダーゼ　　*181〜183*
アスコルビン酸ペルオキシダーゼ　　*157*
アデノシルコバラミン　　*186, 190*
アデノシン三リン酸 ⇨ ATP
アポタンパク質　　*91*
アミノ酸エステルの加水分解　　*87*
アルカリホスファターゼ　　*93*
アルキルコバラミンの開裂様式　　*188*
α 鎖　　*146*
アレニウスの定義　　*66*
アロステリック効果　　*148*
安定度定数 ⇨ 生成定数
暗反応　　*129*

e_g 軌道　　*50*
EDTA（ethylenediaminetetraacetic acid）
　　46
一重項　　*142*
一重項酸素
　　――の電子配置　　*142*
一電子酸化（カテコール）　　*170*
イントラジオール型オキシゲナーゼ　　*168*
イントラジオール型酵素　　*168*
イントラジオールジオキシゲナーゼ

168, 169

HSAB（hard and soft acid and base）則
　　64
ATP（adenosine triphosphate）　　*97*
エクストラジオール型オキシゲナーゼ
　　171
エクストラジオール型酵素　　*168*
エクストラジオールジオキシゲナーゼ
　　168, 173
SOD ⇨ スーパーオキシドディスムターゼ
sp 混成軌道　　*18*
　　アセチレンの炭素原子の――　　*19*
sp^2 混成軌道　　*21*
　　エチレンの炭素原子の――　　*22*
sp^3 混成軌道　　*23*
　　メタンの炭素原子の――　　*23*
エチレンジアミン四酢酸 ⇨ EDTA
エネルギー準位　　*5*
　　錯体の分子軌道の――　　*58*
　　水素原子の原子軌道の――　　*7*
FAD（flavin adenine dinucleotide）⇨ フラビ
　　ンアデニンジヌクレオチド
FMN（flavin mononucleotide）⇨ フラビンモ
　　ノヌクレオチド
$FMNH_2$　　*104*
LCAO（linear combination of atomic orbital）
　　法　　*24*
遠位ヒスチジン　　*151*
塩　基
　　――の定義　　*66*
　　硬い――　　*64*
　　ブレンステッドの――　　*82*
　　軟らかい――　　*64*

198　索　引

ルイス ——　　64, 65, 67
エンタルピー　　29, 31～33
エントロピー　　32, 36

オキシ型　　146
オキシゲナーゼ　　162
オキシダーゼ ⇨ 酸化酵素
オキシヘムエリトリン　　152
オキシヘモグロビン　　151
オキシヘモシアニン　　153
オキソ基　　75, 149
オキソ酸イオン　　74
オクテット則　　11
オービタル ⇨ 軌道

か 行

外圏型電子移動　　176, 178
外　膜　　122
解離定数　　39
化学反応　　28
　——の方向性　　31
化学ポテンシャル　　124
架橋構造　　46
殻　　7
過酸化物　　143
　—— イオンの電子配置　　142, 143
加水分解　　77
　アミノ酸エステルの ——　　88
　金属イオンによる —— 反応　　85
　金属酵素による ——　　88
　トリフルオロ酢酸メチルの ——　　87
　ペプチド結合の ——　　92
　リン酸モノエステルの ——　　94
加水分解酵素　　77, 89, 91
硬い塩基　　64
硬い酸　　64
カタラーゼ　　160
活性化ギブズエネルギー　　41, 90
活性錯合体　　40
活性酸素　　142, 143
活量係数　　38
カテコールジオキシゲナーゼ　　168
カテコールの一電子酸化　　170
価電子　　10

カルボキシペプチダーゼ A　　91
カルボキシ末端　　91
還元酵素　　179
還元反応
　FAD の ——　　103
　FMN の ——　　103
　NAD^+の ——　　102
　$NADP^+$の ——　　102
　キノン骨格の ——　　104
官能基の転位　　185
官能基の転移　　185

貴ガス　　10
キサンチンオキシダーゼ　　179
基底状態　　7
起電力　　71
軌　道　　3
キノン骨格の還元反応　　104
キノンサイクル　　128
ギブズ（Gibbs）エネルギー　　32
　—— 変化　　71
逆供与　　60
求核試薬　　79
Q サイクル ⇨ キノンサイクル
球対称場　　49, 50
吸熱反応　　35
協同効果 ⇨ アロステリック効果
共　鳴　　15
共有結合　　44
共有電子対　　11
極限構造式　　15
キレート環　　46
キレート結合　　46
キレート効果　　64
近位ヒスチジン　　149
金属イオン
　—— による加水分解反応　　85
　—— のアクア錯体　　74
　—— の配位構造　　73
金属酵素による加水分解　　88
金属錯体　　43
　—— の構造　　48, 62
　—— の生成定数　　62
　—— の電極電位　　68
　—— の反応　　60

索　　引　199

—— の物性　48
金属タンパク質　105
—— の式量電位　110, 117, 118

クリーゲー（Criegee）転位　172
グリセロールデヒドラターゼ　188
グルタミン酸ムターゼ　188
クロロフィル a　132
—— の構造　133
クーロン相互作用　116
クーロン力　115
群軌道　55, 57

形式電荷　13
結合エネルギー　34, 35
結合次数　28
結合性軌道　26
結合電子対 ⇨ 共有電子
結合理論　17
結晶場安定化エネルギー　52
結晶場分裂　50
—— エネルギー　50
結晶場理論　48
原子価殻電子対反発理論　16
原子価結合法　17
原子価電子　10
原子軌道　4
　水素原子の ——　6, 7

光合成　97, 122, 129
—— 色素　131
格子エネルギー　37
高スピン錯体　52
構成原理　8
高ポテンシャル鉄-硫黄タンパク質　118, 119
呼　吸　97, 122
—— の電子伝達体の式量電位　123
呼吸色素　146
五座配位子　45, 46
コバラミン　185
　アルキル —— の開裂様式　188
孤立電子対　11
コリン環　186
混成軌道　18

コンパウンド　159, 160

さ　行

錯　体　43, 62
—— の分子軌道のエネルギー準位　58
酸
—— の定義　66
　硬い ——　64
　ブレンステッドの ——　82
　軟らかい ——　64
　ルイス ——　64, 65, 67
酸解離定数　82
酸解離平衡　61
酸化還元酵素　155, 179
酸化還元中心の電荷　115
酸化還元対　68
酸化還元反応　100
酸化酵素　155
酸化数　14
三座配位子　45, 46
三重項　140
酸素運搬体　146, 147
酸素結合　149
酸素呼吸　122, 129
酸素貯蔵体　146
酸素発生型光合成　132〜135
酸素非発生型光合成　134
酸素分子　137
—— の式量電位　143
—— の電子配置　138
—— の反応　144
—— の分子軌道の形成　139
—— の分子軌道への電子の充填　140
—— のルイス構造　138
　プロトヘムと —— との反応　150
　ヘムエリトリンの —— との結合　152
　ヘモグロビンの —— との結合　151
　ヘモシアニンの —— との結合　153

シアノコバラミン　186
CYP ⇨ シトクロム P450
CYP$_{cam}$　163
ジオキシゲナーゼ　162, 168
色素 Pig の電子配置　131

磁気量子数　3
式量電位　110, 111
　活性酸素の――　143
　金属タンパク質の――　110, 117, 118
　呼吸の電子伝達体の――　123
　酸素発生型光合成における電子伝達体
　　の――　133
　酸素分子の――　143
　シトクロム a の――　120
　シトクロム b の――　120
　シトクロム c の――　120
　シトクロム類の――　120
　鉄-硫黄タンパク質の――　118
　ブルー銅タンパク質の――　121
σ結合　55
σ対称性　25
自己解離定数（水）　83
シトクロム　105, 106, 120
　――a の式量電位　120
　――b の式量電位　120
　――bf　133
　――c の式量電位　120
　――類の式量電位　120
シトクロム P450　162
　――による触媒反応　163
7,8-ジメチルイソアロキサジン　102
ジメチルスルホキシドレダクターゼ　180
四面体中間体　80
自由原子　2
縮重 ⇨ 縮退
縮　退　5
主量子数　3
シュレーディンガー（Schrödinger）の波動方
　程式　2
昇　位　19
条件づき電位 ⇨ 式量電位
状態関数　30
ショウノウ　163
　シトクロム P450 による――　163
真核生物　122

水素原子の原子軌道　5, 6
水素原子の波動関数　2
水平化効果　67
水和エネルギー　37

水和水　85
水和数　74
ストローマ　131
スーパーオキシド ⇨ 超酸化物
スーパーオキシドディスムターゼ　144,
　174
スピン対形成エネルギー　52
スピン量子数　3

正　極　97
正四面体型錯体　54
生成定数　60〜62
正八面体型錯体　50
正八面体場　50
西洋ワサビペルオキシダーゼ　157
絶対嫌気性生物　155
節　面　6
セミキノナトアニオン　169
セミキノンラジカル　105
遷移状態　40

阻害剤　77
ソーレー（Soret）帯　163

た　行

多核錯体　46
多座配位子　46
脱　室　130
単座配位子　44, 45

逐次生成定数　62
超原子価化合物　13
超酸化物　143
　――イオンの電子配置　143
チラコイド膜　131

DMSO（dimethyl sulfoxide）レダクターゼ ⇨
　ジメチルスルホキシドレダクターゼ
t_{2g} 軌道　50
低スピン錯体　52
デオキシ型　146
デオキシヘムエリトリン　152
デオキシヘモグロビン　151
デオキシヘモシアニン　153

索　引　201

鉄–硫黄クラスター　　*105, 106*
鉄–硫黄タンパク質　　*105, 118, 119*
Fe-SOD　　*175, 177*
転位（官能基）　　*185*
転　移　　*157*
　官能基の――　　*185*
転位反応　　*188*
転移反応（メチル基）　　*191*
電気陰性度　　*14*
電気化学ポテンシャル　　*124*
電極電位　　*68, 71*
電子スピン共鳴法　　*141*
電子伝達　　*97, 111*
　――の機構　　*98*
電子伝達体　　*1*
　――の種類　　*101*
　呼吸の――の式量電位　　*123*
　酸素発生型光合成における――の式量電位
　133
電子配置　　*9*
　一重項酸素の――　　*142*
　過酸化物イオンの――　　*142, 143*
　酸素分子の――　　*138*
　色素 Pig の――　　*131*
　超酸化物イオンの――　　*143*

Cu, Zn-SOD　　*177, 179*
トリフルオロ酢酸メチルの加水分解　　*87*

な　行

内部エネルギー　　*32〜34*
内　膜　　*122*

ニコチンアミドアデニンジヌクレオチド ⇨
　NADH（還元型），NAD⁺（酸化型）
ニコチンアミドアデニンジヌクレオチドリン酸
　⇨ NADHP（還元型），NADP⁺（酸化型）
二座配位子　　*45, 46*
二重項　　*141*

熱力学的平衡定数　　*38*
熱力学量の変化　　*36*
ネルンスト（Nernst）式　　*69*

濃度平衡定数　　*38*

は　行

配位形式　　*112, 113*
配位結合　　*44*
配位原子　　*44, 112*
配位構造（金属イオン）　　*73*
配位子　　*43, 44, 112*
配位子場理論　　*55*
π 軌道　　*138*
π* 軌道　　*138*
π 対称性　　*26*
パウリ（Pauli）の排他原理　　*8*
八隅説 ⇨ オクテット則
発熱反応　　*35*
波動関数　　*2*
　水素原子の――　　*2*
波動方程式（シュレーディンガー）　　*2*
反結合性軌道　　*26*
反応商　　*39*
反応速度　　*40*

光化学系　　*132*
非共有電子対　　*11*
　亜硝酸イオンの――　　*182*
非結合性軌道　　*28*
非結合電子対 ⇨ 非共有電子対
ビタミン B₁₂　　*185*
　――依存性酵素　　*189, 190*
　――補酵素の構造　　*186*
ヒトヘモグロビン　　*146*
ヒドロキシ化反応　　*164, 166*
ヒドロキシラジカル　　*144*
標準エンタルピー変化　　*36*
標準エントロピー変化　　*36*
標準ギブズエネルギー変化　　*36*
標準酸化還元電位 ⇨ 標準電極電位
標準状態　　*36*
標準電極電位　　*69, 110*
ヒル（Hill）係数　　*148*
ヒルの経験式　　*148*

フェレドキシン　　*105*
負　極　　*97*

不均化反応　　*157*
副　殻　　*7*
複合体 I　　*122, 126*
複合体 II　　*122*
複合体 III　　*122, 127*
複合体 IV　　*122, 128*
プチダレドキシン　　*165*
不対電子　　*141*
プラストキノン　　*104*
プラストシアニン　　*134*
フラビンアデニンジヌクレオチド　　*102, 103*
フラビンモノヌクレオチド　　*102, 103*
ブルー銅タンパク質　　*105, 109*
　──の構造　　*110*
　──の式量電位　　*121*
ブレンステッド（Brønsted）の塩基　　*82*
ブレンステッドの酸　　*82*
ブレンステッドの定義　　*66, 82*
ブレンステッド–ローリー（Lowry）の定義 ⇨
　　ブレンステッドの定義
プロテアーゼ ⇨ 加水分解酵素
プロトヘム ⇨ ヘム *b*
プロトポルフィリン IX　　*107*
分子軌道（法）　　*24*
　錯体の ── のエネルギー準位　　*58*
　酸素の ── への電子の充填　　*140*
　酸素分子の ── の形成　　*139*
　ヘモシアニンの ──　　*153*
分子構造　　*1, 10*
分子内反応　　*90*
　──の有利性　　*90*
フント（Hund）の規則　　*8*

閉殻構造　　*10*
平衡状態　　*38, 40*
平衡定数　　*40*
平面正方形型錯体　　*53, 54*
β 鎖　　*146*
ヘテロリシス　　*158*
紅色硫黄細菌　　*135*
ペプチド結合　　*84*
ペプチドの加水分解　　*92*
ヘ　ム　　*106*
　── *a*　　*107, 108*

── *b*　　*107, 108, 150, 156*
── *c*　　*107, 108*
ヘムエリトリン　　*147, 152*
　── の酸素分子との結合　　*152*
ヘム鉄　　*105*
ヘモグロビン　　*146, 149, 151*
ヘモシアニン　　*147, 153*
ペルオキシダーゼ　　*155〜157*
ペルオキシド ⇨ 過酸化物
ヘンリー（Henry）の法則　　*148*

方位量子数　　*3*
補欠分子族　　*146*
補酵素（ビタミン B₁₂）　　*186*
ホスホエステル結合　　*84*
ホモシステイン　　*191, 192*
ポルフィリン　　*106*

ま　行

巻矢印　　*81*
膜間腔　　*122*
膜電位　　*100*
　── の形成　　*98*
マトリックス　　*122*
マルチ銅タンパク質　　*109*
Mn-SOD　　*175, 177*

ミオグロビン　　*147*
ミオヘムエリトリン　　*147*
水の自己解離定数　　*83*
水分子のルイス構造　　*11*
ミトコンドリア　　*122, 123*

ムギネ酸　　*43*

明反応　　*129*
メチオニン　　*191, 192*
メチオニンシンターゼ　　*191*
メチルコバラミン　　*186*
メチルテトラヒドロ葉酸　　*191, 192*
メチルトランスフェラーゼ　　*191*
メトヘモグロビン　　*152*
メトミオグロビン　　*152*

索　引　203

モノオキシゲナーゼ　162
モリブデンを含む酸化還元酵素　179
モリブドプテリン　181

や 行

軟らかい塩基　64
軟らかい酸　64
ヤーン-テラー（Jahn-Teller）効果　53

誘電率　115
ユビキノン　104

葉緑体　129
四座配位子　45, 46

ら 行

ラクトン　170

リスケ（Rieske）鉄-硫黄タンパク質
　106, 119
硫酸呼吸　130
リン酸モノエステルの加水分解　94

ルイス（Lewis）塩基　64, 65, 67
ルイス構造　10
　酸素分子の ── 　138
　硝酸イオンの ── 　12
　超原子価化合物の ── 　13
　水分子の ── 　11
ルイス酸　64, 65, 67
ルブレドキシン　105, 119

励起状態　7
レダクターゼ ⇨ 還元酵素

六座配位子　45, 46

欧 文

A

α 鎖　146
activated complex（活性錯合体）　40
active oxygen（活性酸素）　142, 143
activity coefficient（活量係数）　38
adenosine triphosphate（アデノシン三リン
　酸）⇨ ATP
allosteric effect（アロステリック効果）
　148
antibonding orbital（反結合性軌道）　26
apoenzyme（アポタンパク質）　91
atomic orbital（原子軌道）　4, 6, 7
ATP　97
Aufbau principle（構成原理）　8
azimuthal quantum number（方位量子数）
　3

B

β 鎖　146
back donation（逆供与）　60
blue copper protein（ブルー銅タンパク質）
　105, 109, 110, 121
bond order（結合次数）　28
bonding orbital（結合性軌道）　26
bonding electron pair（結合電子対）⇨ shared
　electron pair（共有電子対）

C

camphor（ショウノウ）　163
canonical structure（極限構造式）　15
carboxy terminal（カルボキシ末端）　91
catalase（カタラーゼ）　160
chelate bond（キレート結合）　46
chelate ring（キレート環）　46
chemical potential（化学ポテンシャル）
　124
chlorophyll a（クロロフィル a）　132,
　133

chloroplast（葉緑体）　*129*

closed-shell structure（閉殻構造）　*10*

concentration equilibrium constant（濃度平衡定数）　*38*

conditional potential（条件づき電位）⇨ formal potential（式量電位）

coordinate bond（配位結合）　*44*

coulomb force（クーロン力）　*115*

covalent bond（共有結合）　*44*

Criegee rearrangement（クリーゲー転位）　*172*

crystal-field splitting（結晶場分裂）　*50*

crystal-field stabilization energy（結晶場安定化エネルギー）　*52*

crystal-field theory（結晶場理論）　*48*

Cu, Zn-SOD　*177*

——の反応機構　*179*

CYP ⇨ cytochrome P450（シトクロム P450）

CYP$_{cam}$　*163*

cytochrome（シトクロム）　*105, 106, 120, 133*

cytochrome P450（シトクロム P450）　*162, 163*

D

dark reaction（暗反応）　*129*

degeneration（縮退）　*5*

deoxy form（デオキシ型）　*146*

dimethyl sulfoxide レダクターゼ ⇨ ジメチルスルホキシドレダクターゼ

dioxygenase（ジオキシゲナーゼ）　*162, 168*

disproportionation reaction（不均化反応）　*157*

dissociation constant（解離定数）　*39*

DMSO レダクターゼ ⇨ ジメチルスルホキシドレダクターゼ

doublet（二重項）　*141*

E

EDTA　*46*

e$_g$ 軌道　*50*

electrochemical potential（電気化学ポテンシャル）　*124*

electromotive force（起電力）　*71*

electron carrier（電子伝達体）　*1, 123, 133*

electron configuration（電子配置）　*9, 131, 138, 142, 143*

electron spin resonance（電子スピン共鳴法）　*141*

electronegativity（電気陰性度）　*14*

endothermic reaction（吸熱反応）　*35*

energy level（エネルギー準位）　*5, 7, 58*

enthalpy（エンタルピー）　*29, 31～33*

entropy（エントロピー）　*32, 36*

equilibrium constant（平衡定数）　*38, 40*

equilibrium state（平衡状態）　*40*

ethylenediaminetetraacetic acid（エチレンジアミン四酢酸）⇨ EDTA

eukaryote（真核生物）　*122*

excited state（励起状態）　*7*

exothermic reaction（発熱反応）　*35*

extradiol type enzyme（エクストラジオール型酵素）　*168*

extradiol type oxygenase（エクストラジオール型オキシゲナーゼ）　*171*

F

FAD ⇨ flavin adenine dinucleotide（フラビンアデニンジヌクレオチド）

Fe-SOD　*175*

——の反応機構　*177*

ferredoxin（フェレドキシン）　*105*

flavin adenine dinucleotide（フラビンアデニンジヌクレオチド）　*102, 103*

——の還元反応　*103*

——の構造　*102*

flavin mononucleotide（フラビンモノヌクレオチド）　*102, 103*

——の還元反応　*103*

——の構造　*102*

FMDH$_2$　*104*

FMN ⇨ flavin mononucleotide（フラビンモノヌクレオチド）

FMNH$_2$　*104*

formal charge（形式電荷）　*13*

索　引　**205**

formal potential（式量電位）　*110, 111*
formation constant（生成定数）　*60〜62*
　　stepwise ── （逐次生成定数）　*62*
free atom（自由原子）　*2*

G

Gibbs energy（ギブズエネルギー）　*32*
glutamate mutase（グルタミン酸ムターゼ）
　188
ground state（基底状態）　*7*
group orbital（群軌道）　*55, 57*

H

hard and soft acid and base method ⇨ HSAB
　則
heme iron（ヘム鉄）　*105*
hemerythrin（ヘムエリトリン）　*147, 152*
hemocyanin（ヘモシアニン）　*147, 153*
hemoglobin（ヘモグロビン）　*146, 149,
151*
Henry's law（ヘンリーの法則）　*148*
heterolysis（ヘテロリシス）　*158*
high potential iron-sulfur protein（高ポテン
　シャル鉄-硫黄タンパク質）　*118, 119*
high-spin complex（高スピン錯体）　*52*
Hill constant（ヒル係数）　*148*
Hill equation（ヒルの経験式）　*148*
HiPIP ⇨ high potential iron-sulfur protein
　（高ポテンシャル鉄-硫黄タンパク質）
horseradish peroxidase（西洋ワサビペルオキ
　シダーゼ）　*157*
HSAB 則　*64*
Hund's rule（フントの規則）　*8*
hybrid orbital（混成軌道）　*18*
hydration energy（水和エネルギー）　*37*
hydroxy radical（ヒドロキシラジカル）
144
hypervalent compound（超原子価化合物）
13

I

inhibitor（阻害剤）　*77*

inner membrane（内膜）　*122*
intermembrane space（膜間腔）　*122*
internal energy（内部エネルギー）　*32〜
34*
intradiol type enzyme（イントラジオール型
　酵素）　*168*
intradiol type oxygenase（イントラジオール
　型オキシゲナーゼ）　*168*
iron-sulfur cluster（鉄-硫黄クラスター）
　105, 106

J

Jahn-Teller effect（ヤーン-テラー効果）
53

L

lactone（ラクトン）　*170*
lattice energy（格子エネルギー）　*37*
LCAO 法　*24*
leveling effect（水平化効果）　*67*
Lewis acid（ルイス酸）　*64, 65, 67*
Lewis base（ルイス塩基）　*64, 65, 67*
Lewis structure（ルイス構造）　*10〜13,
138*
ligand（配位子）　*43, 44, 112*
　── -field theory（配位子場理論）　*55*
light reaction（明反応）　*129*
linear combination of atomic orbital method
　⇨ LCAO 法
lone pair（孤立電子対）　*11*
low-spin complex（低スピン錯体）　*52*

M

magnetic quantum number（磁気量子数）
3
matrix（マトリックス）　*122*
Mb ⇨ myoglobin（ミオグロビン）
membrane potential（膜電位）　*98, 100*
methemoglobin（メトヘモグロビン）
152
metmyoglobin（メトミオグロビン）　*152*
mitochondrion（ミトコンドリア）　*122,*

123

Mn-SOD 175

―― の反応機構 177

molecular orbital method（分子軌道法） 24

monodentate ligand（単座配位子） 44, 45

monooxygenase（モノオキシゲナーゼ） 162

mugineic acid（ムギネ酸） 43

multidentate ligand（多座配位子） 46

myoglobin（ミオグロビン） 147

myohemeruythrin（ミオヘムエリトリン） 147

N

NAD$^+$ 101

―― の還元反応 102

NADH 101

―― の構造 101

NADP$^+$ 102

―― の還元反応 102

NADPH 102

―― の構造 101

necleophile（求核試薬） 79

negative electrode（負極） 97

Nernst equation（ネルンスト式） 69

nicotinamide adenine dinucleotide（ニコチンアミドアデニンジヌクレオチド）⇨ NADH（還元型），NAD$^+$（酸化型）

nicotinamide adenine dinucleotide phosphate（ニコチンアミドアデニンジヌクレオチドリン酸）⇨ NADHP（還元型），NADP$^+$（酸化型）

noble gas（貴ガス） 10

O

obligate anaerobe（絶対嫌気性生物） 155

octahedral complex（正八面体型錯体） 50

octet theory（オクテット則） 11

orbital（軌道） 3

outer membrane（外膜） 122

oxidase（酸化酵素） 155

oxidation number（酸化数） 14

oxidation-reduction couple（酸化還元対） 68

oxidoreductase（酸化還元酵素） 155, 179

oxo group（オキソ基） 75, 149

oxy form（オキシ型） 146

oxygenase（オキシゲナーゼ） 162

P

π 軌道 138

π*軌道 138

π 対称性 26

Pauli exclusion principle（パウリの排他原理） 8

Pc ⇨ plastcyanin（プラストシアニン）

peptide bond（ペプチド結合） 84

peroxidase（ペルオキシダーゼ） 155〜157

peroxide（過酸化物） 143

phosphoester bond（ホスホエステル結合） 84

photosynthesis（光合成） 97, 122, 130

photosynthetic pigment（光合成色素） 131

photosystem（光化学系） 132

plastocyanin（プラストシアニン） 134

plastoquinone（プラストキノン） 104

polynuclear complex（多核錯体） 46

porphyrin（ポルフィリン） 106

positive electrode（正極） 97

principal quantum number（主量子数） 3

promotion（昇位） 19

prosthetic group（補欠分子族） 146

protease（加水分解酵素） 77, 89, 91

protoheme（ヘム b） 107, 108, 150, 156

protoporphyrin IX（プロトポルフィリン IX） 107

putidaredoxin（プチダレドキシン） 165

Q

Qサイクル ⇨ キノンサイクル

R

reaction quotient（反応商） *39*
reductase（還元酵素） *179*
resonance（共鳴） *15*
respiration（呼吸） *97, 122, 123*
── pigment（呼吸色素） *146*
Rieske iron-sulfur protein（リスケ鉄-硫黄タ
ンパク質） *106, 119*
rubredoxin（ルブレドキシン） *105, 119*

S

σ結合 *55*
σ対称性 *25*
semiquinonato anion（セミキノナトアニオン）
169
semiquinone radical（セミキノンラジカル）
105
shared electron pair（共有電子対） *11*
shell（殻） *7*
singlet（一重項） *142*
SOD ⇨ スーパーオキシドディスムターゼ
Soret band（ソーレー帯） *163*
sp混成軌道 *18*
　アセチレンの炭素原子の── *19*
sp²混成軌道 *21*
　エチレンの炭素原子の── *22*
sp³混成軌道 *23*
　メタンの炭素原子の── *23*
spin quantum number（スピン量子数）
3
spin-pairing energy（スピン対形成エネル
ギー） *52*
square planar complex（平面正方形型錯体）
53, 54
stability constant（安定度定数）⇨ 生成定数
standard electrode potential（標準電極電位）
69, 110

stepwise formation constant（逐次生成定数）
62
stroma（ストローマ） *131*
subshell（副殻） *7*
sulfite oxidase（亜硝酸オキシダーゼ）
181～183
superoxide（超酸化物） *143*
── dismutase（スーパーオキシドディス
ムターゼ） *144, 174*

T～Z

t_{2g}軌道 *50*
tetrahedral complex（正四面体型錯体）
54
tetrahedral intermediate（四面体中間体）
80
thermodynamic equilibrium constant（熱力
学的平衡定数） *38*
thylakoid membrane（チラコイド膜）
131
transition（転移） *157, 185*
── state（転移状態） *40*
triplet（三重項） *140*

ubiquinone（ユビキノン） *104*
unbonding electron pair（非結合電子対）⇨
非共有結合
unshared electron pair（非共有電子対）
11

valence bond method（原子価結合法）
17
valence electron（価電子） *10*
valence shell electron pair repulsion
（VSEPR） *16*
VSEPR理論 ⇨ 原子価殻電子対反発理論

wave equation（波動方程式） *2*
wave function（波動関数） *2*

Zn-SOD *177*
── の反応機構 *179*

著者の略歴

　吉 村 悦 郎（よしむら・えつろう）

東京大学大学院農学生命科学研究科応用生命化学専攻教授.
専門は，生物無機化学，分析化学.
1950 年，福岡県に生まれる.
1973 年，東京大学農学部農芸化学科卒業，1978 年，同大学院
修了，農学博士.
東京電機大学理工学部助手，東京大学農学部助手，助教授を
経て現職.

基礎生物無機化学

平成 26 年 3 月 20 日　発　行

著作者　　吉　村　悦　郎

発行者　　池　田　和　博

発行所　　丸善出版株式会社

〒101-0051　東京都千代田区神田神保町二丁目17番
編集：電話(03)3512-3263 ／ FAX(03)3512-3272
営業：電話(03)3512-3256 ／ FAX(03)3512-3270
http://pub.maruzen.co.jp/

© Etsuro Yoshimura, 2014

組版印刷・中央印刷株式会社／製本・株式会社 松岳社

ISBN 978-4-621-08812-8 C 3043　　　　　Printed in Japan

JCOPY 〈(社)出版者著作権管理機構 委託出版物〉
本書の無断複写は著作権法上での例外を除き禁じられています. 複写
される場合は，そのつど事前に，(社)出版者著作権管理機構（電話
03-3513-6969，FAX 03-3513-6979，e-mail：info@jcopy.co.jp）の許諾
を得てください.